全国高等职业教育规划教材

数据库技术与应用——SQL Server 2008

第2版

李 曼 张红娟 主编

机械工业出版社

本书以 SQL Server 2008 为实验环境，用一个简单的数据库应用实例贯穿全书，理论与实际相结合系统地介绍数据库系统的基本组成、SQL Server 2008 的运行环境、数据库及各种常用数据库对象的创建和管理、Transact-SQL 语言及其应用、数据库的备份与恢复、安全管理等。全部内容分为 15 章，其中第 15 章是一个综合应用案例。为了便于读者理解和掌握，理论章节均配有习题和实训。

本书强调理论与实践相结合，以应用为目的，在编写过程中，力求做到概念清晰、取材合理、深入浅出、突出应用，为读者应用数据库技术进行数据管理打下良好基础。本书是高职院校数据库技术应用课程的教材，也可以供相关技术人员参考。

本书配套授课电子课件和源代码，需要的教师可登录www.cmpedu.com免费注册、审核通过后下载，或联系编辑索取（QQ：1239258369，电话：010-88379739）。

图书在版编目（CIP）数据

数据库技术与应用：SQL Server 2008 / 李曼，张红娟主编. —2 版. —北京：机械工业出版社，2015.7（2019.6 重印）
全国高等职业教育规划教材
ISBN 978-7-111-50836-6

Ⅰ . ①数… Ⅱ . ①李… ②张… Ⅲ . ①关系数据库系统-高等职业教育-教材 Ⅳ . ①TP311.138

中国版本图书馆 CIP 数据核字（2015）第 172045 号

机械工业出版社（北京市百万庄大街 22 号　邮政编码 100037）
策划编辑：鹿　征　责任编辑：鹿　征
责任校对：张艳霞　责任印制：邰　敏
北京圣夫亚美印刷有限公司印刷
2019 年 6 月第 2 版·第 4 次印刷
184mm×260mm·16.25 印张·401 千字
6701－7900 册
标准书号：ISBN 978-7-111-50836-6
定价：38.00 元

全国高等职业教育规划教材计算机专业
编委会成员名单

主　　任　　周智文

副 主 任　　周岳山　　林　东　　王协瑞　　张福强

陶书中　　睢碧霞　　龚小勇　　王　泰

李宏达　　赵佩华

委　　员　　（按姓氏笔画顺序）

马　伟　　马林艺　　万雅静　　万　钢

卫振林　　王兴宝　　王德年　　尹敬齐

史宝会　　宁　蒙　　安　进　　刘本军

刘剑昀　　刘新强　　刘瑞新　　乔芃喆

余先锋　　张洪斌　　张瑞英　　李　强

何万里　　杨　莉　　杨　云　　贺　平

赵国玲　　赵增敏　　赵海兰　　钮文良

胡国胜　　秦学礼　　贾永江　　徐立新

唐乾林　　陶　洪　　顾正刚　　曹　毅

黄能耿　　黄崇本　　裴有柱

秘 书 长　　胡毓坚

出版说明

《国务院关于加快发展现代职业教育的决定》指出：到 2020 年，形成适应发展需求、产教深度融合、中职高职衔接、职业教育与普通教育相互沟通，体现终身教育理念，具有中国特色、世界水平的现代职业教育体系，推进人才培养模式创新，坚持校企合作、工学结合，强化教学、学习、实训相融合的教育教学活动，推行项目教学、案例教学、工作过程导向教学等教学模式，引导社会力量参与教学过程，共同开发课程和教材等教育资源。机械工业出版社组织全国 60 余所职业院校（其中大部分是示范性院校和骨干院校）的骨干教师共同策划、编写并出版的"全国高等职业教育规划教材"系列丛书，已历经十余年的积淀和发展，今后将更加紧密结合国家职业教育文件精神，致力于建设符合现代职业教育教学需求的教材体系，打造充分适应现代职业教育教学模式的、体现工学结合特点的新型精品化教材。

"全国高等职业教育规划教材"涵盖计算机、电子和机电三个专业，目前在销教材 300 余种，其中"十五""十一五""十二五"累计获奖教材 60 余种，更有 4 种获得国家级精品教材。该系列教材依托于高职高专计算机、电子、机电三个专业编委会，充分体现职业院校教学改革和课程改革的需要，其内容和质量颇受授课教师的认可。

在系列教材策划和编写的过程中，主编院校通过编委会平台充分调研相关院校的专业课程体系，认真讨论课程教学大纲，积极听取相关专家意见，并融合教学中的实践经验，吸收职业教育改革成果，寻求企业合作，针对不同的课程性质采取差异化的编写策略。其中，核心基础课程的教材在保持扎实的理论基础的同时，增加实训和习题以及相关的多媒体配套资源；实践性较强的课程则强调理论与实训紧密结合，采用理实一体的编写模式；涉及实用技术的课程则在教材中引入了最新的知识、技术、工艺和方法，同时重视企业参与，吸纳来自企业的真实案例。此外，根据实际教学的需要对部分课程进行了整合和优化。

归纳起来，本系列教材具有以下特点：

1）围绕培养学生的职业技能这条主线来设计教材的结构、内容和形式。

2）合理安排基础知识和实践知识的比例。基础知识以"必需、够用"为度，强调专业技术应用能力的训练，适当增加实训环节。

3）符合高职学生的学习特点和认知规律。对基本理论和方法的论述容易理解、清晰简洁，多用图表来表达信息；增加相关技术在生产中的应用实例，引导学生主动学习。

4）教材内容紧随技术和经济的发展而更新，及时将新知识、新技术、新工艺和新案例等引入教材。同时注重吸收最新的教学理念，并积极支持新专业的教材建设。

5）注重立体化教材建设。通过主教材、电子教案、配套素材光盘、实训指导和习题及解答等教学资源的有机结合，提高教学服务水平，为高素质技能型人才的培养创造良好的条件。

由于我国高等职业教育改革和发展的速度很快，加之我们的水平和经验有限，因此在教材的编写和出版过程中难免出现问题和疏漏。我们恳请使用这套教材的师生及时向我们反馈质量信息，以利于我们今后不断提高教材的出版质量，为广大师生提供更多、更适用的教材。

机械工业出版社

前　　言

在计算机科学技术中，数据库是发展最快的技术之一。近年来，各种应用领域对数据管理的需求越来越多，数据库技术的重要性也越来越被大家所认识。尤其是 Internet 的发展以及多种信息技术的交叉与发展，给数据库应用提供了更多的机遇，同时也推动了数据库技术的发展和完善。本书全面介绍了 SQL Server 2008 的主要功能、相关命令和开发应用系统的一般技术，力求最有效地帮助读者快速而全面地掌握数据库技术的基本原理和应用。

本书的主要特点如下：

1）全书体系完整，内容全面，案例丰富。案例贴近实际，能够提高学生解决实际问题的能力。

2）以理论为指导，突出实践性。理论与实践相结合，用销售管理系统数据库应用案例贯穿各章节，并随着内容的不断深入而完善数据库应用案例的设计。内容从简单到复杂，循序渐进。

3）全方位服务。提供了配套的电子课件、数据库文件、练习答案等。

本书共 15 章，分为 3 个部分。第 1 部分是第 1～3 章，包括数据库技术、关系数据库的基本概念，以及数据库设计；第 2 部分是 4～14 章，包括 SQL Server 2008 系统概述、创建与使用数据库、创建与使用数据表、SQL 查询、T-SQL 编程基础、视图与索引、存储过程、触发器、事务和锁、数据库的安全保护以及数据库的备份与还原；第 3 部分是第 15 章，是一个综合应用案例。理论章节均配有实训和习题。教学建议课时参照如下：

章　节	建议课时	章　节	建议课时
第 1 章　数据库技术基础	4	第 9 章　视图与索引	6
第 2 章　关系数据库	6	第 10 章　存储过程	10
第 3 章　数据库设计	4	第 11 章　触发器	8
第 4 章　SQL Server 2008 系统概述	2	第 12 章　事务和锁	4
第 5 章　创建与使用数据库	8	第 13 章　数据库的安全保护	4
第 6 章　创建与使用数据表	8	第 14 章　数据库的备份与还原	4
第 7 章　SQL 查询	10	第 15 章　综合应用案例	4
第 8 章　T-SQL 编程基础	6		

本书作者精心设计了两个具体的管理系统数据库，在教学环节中使用销售管理系统数据库，在实训环节使用设备管理系统数据库，充分体现了"案例教学、任务驱动、理论与实践相结合"的教学理念。本书是具有丰富教学经验的教师与经验丰富的企业级应用程序开发工程师相结合的成果，一线教师与企业人员的优势互补保障了教

材的质量。

    本书由李曼、张红娟主编，刘瑞新主审，李曼编写第 1、4、9、10、11、12、15 章，张红娟编写第 2、3、5、6、7、8 章，常桂强编写第 14 章，第 13 章及例题、习题的上机验证、教学资源由周月红、孔萌、周海波、刘庆波、褚美花、戚春兰、刘庆峰、刘继祥、孔繁菊、万兆君、刘大学、陈文明、骆秋容、刘克纯、缪丽丽、王金彪、孙明建、刘大莲、庄建新、崔瑛瑛、万兆明、韩建敏、庄恒、徐云林编写。由于编者水平有限，书中错误与疏漏之处在所难免，敬请读者批评指正。

编　者

目　　录

第 1 章　数据库技术基础

当今社会是一个信息化的社会，数据库技术的发展，已经成为先进信息技术的重要组成部分。数据是信息的载体，数据库是互相关联的数据的集合。数据库技术的发展，归根结底是由实际应用需求推动的。目前，绝大多数的计算机应用系统都离不开数据库的支撑。大到一个国家，小到一个集团的内部，数据库的建设规模、数据库信息量的大小和使用频度已经成为衡量其信息化水平的重要标志。

数据库技术领域有其自身显著的特点，涉及相当多的理论及概念。本章将逐步引出这些概念，帮助读者从知晓概念到加深概念的理解。

1.1　关于数据库的基本术语

数据库技术涉及许多基本概念，其中，信息、数据、数据库、数据库系统、数据库管理系统是与数据库技术密切相关的 5 个基本概念，理解这些概念是学习数据库技术的前提。

1.1.1　信息与数据

数据库是计算机信息管理的基础，它的研究对象是数据，一提到数据，人们往往就会想到信息。但是数据并不是信息的本身。

一般认为，信息是对现实世界中不同事物的存在特征、运动形态以及不同事物间的相互联系等多种属性的描述，通过抽象形成概念。信息是可以被认识、理解、表达、加工、推理和传播的，诸如数字、文字、图像和声音等符号所表示的某一事物的消息和知识。

信息的表达必须借助于符号，数据是对事实和概念的描述，是表达信息的符号记录。在现实生活中，数据无处不在，文字、图像、声音、员工的档案记录等。例如，在员工的档案中，对于员工的基本信息，人们最感兴趣的是员工的工号、姓名、性别、出生日期、入职时间、所属部门，可以这样描述：

（1001，张洪，男，1983-1-5，2008-3-1，销售部）

上面的这条员工记录就是数据。数据本身并不能完全表达内容，一定要通过语义解释。了解语义的人会从上面的记录中得到：张洪是该公司销售部门的一名男职员，工号是 1001，1983 年 1 月 5 日出生，2008 年 3 月 1 日入职。

可见，数据与信息是两个既有联系又有区别的概念，数据是信息的符号表示，信息则是数据的内涵，是对数据的语义解释。但是，在计算机领域，并不严格区分两者，一般统称"数据"。

1.1.2 数据库与数据库系统

数据库（Database，DB），顾名思义，就是存放数据的仓库，是一个长期存储在计算机内，相互联系的数据集合。数据库中的数据按照一定的数据模型组织、描述和存储，具有较少冗余和较高的数据独立性，允许多个用户共享使用，并且提供数据的安全性维护和完整性检查措施。

这里需要注意的是，数据库是具有逻辑关系的数据集合，逻辑上无关的数据集合不能称作数据库；数据库是对现实世界的描述，可以是一个单位或组织，其内部的某些改变应及时反映到数据库中。

数据库系统（DataBase System，DBS）是指在计算机系统中引入数据库后的系统，一般由数据库、数据库管理系统（及其开发工具）、应用系统、数据库管理员（DataBase Administrator，DBA）和用户构成。数据库系统可以用图1-1所示来表示。

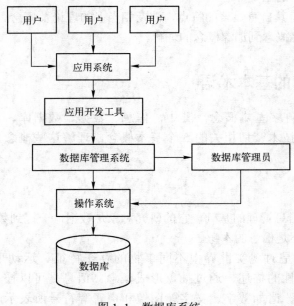

图 1-1　数据库系统

1.1.3 数据库管理系统

数据库管理系统（DataBase Management System，DBMS），是位于用户与操作系统之间的一层数据管理软件，是为了建立、使用和维护数据库而配置的系统软件，如 Access、Microsoft SQL Server、Oracle 等。它建立在操作系统的基础上，对数据库进行统一的管理和控制。主要功能如下：

1. 数据定义功能

DBMS 提供数据定义语言（Data Definition Language，DDL）对数据库中的数据对象进行定义，如对表、视图、索引、存储过程等进行的定义。

2. 数据操纵功能

DBMS 提供数据操纵语言（Data Manipulation Language，DML），用户可以使用 DML

操纵数据，实现对数据库的基本操作，如查询、插入、删除和修改等。

3．数据库的运行管理

数据库在建立、运用和维护时由 DBMS 统一管理，统一控制，以保证数据的安全性、完整性和多用户对数据库使用的并发控制及发生故障后的系统恢复等。数据库的运行管理是 DBMS 的核心部分。

4．数据库的建立和维护功能

数据库的建立和维护包括初始数据的输入、转换，数据库的转储、恢复功能，数据库的重组织功能和性能检测分析功能等。

1.2　数据管理技术的发展

数据是一个单位或组织的重要资源，为了组织的长远发展，必须对组织的各种数据施行有效的管理。所谓数据管理，是指对数据进行收集、整理、存储、检索、加工和传递等一系列活动的总和。数据管理的最终目的是从数据中获取有用的信息，以服务于组织的管理工作。数据处理是数据管理的中心工作，将原始数据转换成信息的过程称作数据处理。

数据管理技术的发展是随着计算机硬件技术和软件技术的发展而不断发展起来的。计算机数据管理技术经历了人工管理阶段、文件系统阶段和数据库系统 3 个阶段。

1.2.1　人工管理阶段

20 世纪 50 年代中期以前，计算机数据管理的能力很差，这一阶段称为人工管理阶段。此时计算机发展的年代特征是：硬件存储设备主要有磁带、卡片、纸带等；没有操作系统和专门管理数据的软件；数据处理方式是批处理；计算机主要用于科学计算。

在人工管理阶段，数据与程序之间是一对一的关系，如图 1-2 所示。

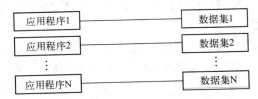

图 1-2　人工管理阶段应用程序与数据之间的对应关系

人工管理阶段的缺点如下。

1．数据不保存

只是在计算某一具体题目时将数据输入，运行结束后得到输出结果，输入、输出和中间结果均不保存。

2．数据不共享，冗余度大

一组数据只对应一个应用程序，即使多个应用程序使用相同的数据，也要各自定义，不能共享，导致冗余度大。

3．数据缺乏独立性

数据与程序是紧密结合在一起的，数据的逻辑结构、物理结构和存取方式都由程序规定。没有文件的概念，数据的组织方式完全由程序员决定。

1.2.2 文件系统阶段

20 世纪 50 年代后期到 60 年代中期，计算机数据管理技术进入到文件系统阶段。此时计算机发展的年代特征是：已经有了磁盘、磁鼓等直接存储的设备；出现了操作系统和专门的数据管理软件，称为文件系统；处理方式上不仅有批处理，还能够实现联机实时处理；计算机不仅用于科学计算，还广泛用于数据处理。

在文件系统阶段，文件系统把数据组织成文件形式存储在磁盘上，这些数据文件相互独立，长期保存在存储设备上。文件可以命名，应用程序利用"按文件名访问，按记录进行存取"的方式，对文件中的数据进行修改、插入和删除操作。

这一阶段的数据还是面向应用程序的，数据文件基本上与各自的应用程序相对应，如图 1-3 所示。

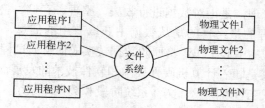

图 1-3　文件系统阶段应用程序与数据之间的对应关系

文件系统阶段对数据的管理有了长足的进步，但它还是从应用程序的角度来组织、看待和处理数据的。这一阶段的缺点如下：

1．数据共享性差，数据的冗余度较大

文件系统提供了数据的物理独立性，实现了一定程度的数据共享，但只能实现文件级共享。文件的设计很难满足多种应用程序的不同要求，数据冗余不可避免。

2．数据存在不一致性

在文件系统中，没有维护数据一致性的监控机制，数据的一致性由用户自己维护。同一数据在多个地方同时存放，尤其在大型信息系统中，很容易造成不一致现象的发生。

3．数据的独立性差

文件系统只实现了数据的物理独立，而没有实现数据的逻辑独立。文件结构的每一处修改都将导致应用程序的修改。因此，文件系统的数据与程序之间缺乏逻辑独立性。

1.2.3 数据库系统阶段

20 世纪 60 年代中后期开始，计算机数据管理技术进入到数据库系统阶段。此时计算机发展的年代特征是：硬件方面有了大容量的磁盘，软件方面出现了大量的系统软件；硬件的价格在下降，软件的价格在上升；在处理方式上，联机实时处理要求增多，并开始考虑和提出分布式处理。

为了解决多用户共享数据，使数据为尽可能多的应用服务，一种新的数据管理技术——数据库技术应运而生。数据库技术从 20 世纪 60 年代中期开始萌芽，至 60 年代末 70 年代初，数据库技术已经发展到成熟阶段。

与文件系统不同的是，数据库系统是面向数据的而不是面向程序的，各个处理功能通过数据管理软件从数据库中获取所需要的数据和存储处理结果。它克服了文件系统的弱点，为用户提供了一种方便、功能强大的数据管理手段。数据库系统阶段的数据处理过程如图1-4所示。

图 1-4　数据库系统阶段的数据处理过程

数据库系统是在文件系统的基础上发展起来的新技术，与文件系统相比具有如下主要特点：

1．数据库系统以数据模型为基础

数据库设计的基础是数据模型。在进行数据库设计时，要站在全局需要的角度抽象和组织数据；要完整地、准确地描述数据自身和数据之间联系的情况；要建立适合整体需要的数据模型。

2．数据库系统的数据冗余度小，数据共享性高

由于数据库系统是从整体角度上看待和描述数据的，数据不再是面向某个应用，而是面向整个系统，所以数据库中同样的数据不会多次重复出现。这就使得数据库中的数据冗余度小，从而避免了由于数据冗余度大带来的数据冲突问题，也避免了由此产生的数据维护和数据统计错误等问题。

数据库系统通过数据模型和数据控制机制提高数据的共享性。数据共享度高会提高数据的利用率，它使得数据更有价值和更容易、方便地被使用。

3．数据库系统的数据和程序之间具有较高的独立性

由于数据库中的数据定义功能和数据管理功能是由 DBMS 提供的，所以数据对应用程序的依赖度大大降低，数据和程序之间具有较高的独立性。

4．数据库系统通过 DBMS 进行数据安全性和完整性的控制

数据的安全性控制是指保护数据库，以防止不合法的使用造成的数据泄露、破坏和更改。

数据的完整性控制是指为了保证数据的正确性、有效性和相容性，防止不符合语义的数据输入或输出所采用的控制机制。

5．数据库中数据的最小存取单位是数据项

在文件系统中，由于数据的最小存取单元是记录，结果给使用及数据操作带来许多不便。数据库系统改善了其不足之处，它的最小数据存取单位是数据项，即使用时可以按数据项或数据项组存取数据，也可以按记录或记录组存取数据。

1.3　数据模型

数据模型是数据库系统的核心，要为一个数据库建立数据模型，首先要深入到信息的现实世界中进行系统需求分析，用概念模型真实地、全面地描述现实世界中的管理对象及联系，然后再将概念模型转换成数据模型。

1.3.1 数据模型的概念及要素

模型是对现实世界特征的模拟和抽象，而数据模型是对现实世界数据特征的抽象，是一组描述数据、数据之间的联系、数据的语义和完整性约束的概念工具的集合。

现实世界的物质要在计算机中得以表示和处理，一般要经过两个阶段的抽象，从现实世界到信息世界的抽象，再从信息世界到计算机世界的抽象。下面先介绍这 3 个世界（领域）。

1．现实世界

现实世界泛指存在于人脑之外的客观世界。信息的现实世界是指我们要管理的客观存在的各种事物、事物之间的相互联系及事物的发生、变化过程。通过对现实世界的了解和认识，使得我们对要管理的对象、管理的过程和方法有个概念模型。认识信息的现实世界并用概念模型加以描述的过程称为系统分析。

2．信息世界

现实世界中的事物反映到人们的头脑里，经过认识、选择、命名、分类等综合分析而形成了印象和概念，从而得到了信息。当事物用信息来描述时，即进入了信息世界。信息世界最主要的特征是可以反映数据之间的联系。

3．计算机世界

信息世界中的信息，经过数字化处理形成计算机能够处理的数据，就进入了计算机世界。计算机世界也叫作机器世界或者数据世界。计算机世界是数据在计算机上的存储和处理，这些数据必须具有自己特定的数据结构，能够反映信息世界中数据之间的联系。

现实世界、信息世界和计算机世界这 3 个领域是由客观到认识、由认识到使用管理的 3 个不同层次，后一领域是前一领域的抽象描述。三者的转换关系如图 1-5 所示。

图 1-5　3 个世界的联系和转换过程

从图中可以看出，现实世界的事物及联系，通过系统分析成为信息世界的概念模型，而概念模型经过数据化处理转换为数据模型。

数据模型的三要素是数据结构、数据操作和数据的约束条件 3 部分内容。

1．数据结构

数据结构描述的是数据库中的数据的组成、特性及其相互间联系。在数据库系统中，通常按数据结构的类型命名数据模型，如层次模型、网状模型、关系模型。数据结构是对系统静态特性的描述，是数据模型三要素中的首要内容。

2．数据操作

数据操作是对数据库中各种对象的实例允许执行的操作的集合，包括操作及操作规则。数据库的操作主要有检索、插入、删除、修改，操作规则有优先级别等。数据操作是对系统动态特性的描述。

3．数据的约束条件

数据的约束条件是一组完整性规则的集合，用于限定符合数据模型的数据库状态及变化，保证数据的完整性。

1.3.2 概念模型及表示

概念模型是对信息世界的管理对象、属性及联系等信息的描述形式。概念模型不依赖计算机及数据库管理系统，它是对现实世界的真实、全面反映。

1．信息世界的基本概念

（1）实体

现实世界中可以相互区分的能被人们识别的事物和概念称为实体（Entity）。实体可以是实实在在的物体，也可以是抽象的概念或联系。例如，一个学生、一台机器、一部汽车等是事物实体，一门课程、一个班级等称为概念实体。

（2）实体集

具有相同特征或能用同样特征描述的实体的集合称为实体集（Entity Set）。例如学生、汽车等都是实体集。实体集不是孤立存在的，实体集之间有着各种各样的联系，例如，学生和课程之间有"选课"联系。

（3）属性

属性（Attribute）是实体的某一方面特征的抽象表示。例如，学生可以通过学生的"学号""姓名""性别""年龄""政治面貌"等特征来描述。此时，"学号""姓名""性别""年龄""政治面貌"等就是学生的属性。

（4）属性值

属性值是属性的具体取值。例如，某一学生的学号为"09001"，姓名为"王刚"，性别为"男"，年龄为"20"，政治面貌为"党员"，这些具体的描述就称为属性值。

（5）域

属性的取值范围称为属性的域（Domain）。例如，学生的年龄为 16～45 的正整数，其数据域为（16～45）。

（6）码

能唯一标识实体的属性或属性集称为码（key），也可称为关键字。例如，学生的学号可以作为学生实体的码，学生的姓名则不一定可以作为学生实体的码，因为姓名可能重复。学生的选课情况实体集则要把学号和课程号的组合作为码。

2．概念模型的表示方法

概念模型是对信息世界的建模，应该能够全面、准确地描述出信息世界中的基本概念。概念模型的表示方法很多，其中最为著名和使用最为广泛的是 P.P.Chen 于 1976 年提出的实体—联系方法（Entity-Relationship Approach），简称 E-R 图法。该方法用 E-R 图来描述现实世界的概念模型，提供了表示实体集、属性和联系的方法。E-R 图也称为 E-R 模型。在 E-R 图中：

1）用长方形表示实体集，长方形内写实体名。

2）用椭圆形表示实体集的属性，并用线段将其与相应的实体集连接起来。例如，学生具有学号、姓名、性别、年龄和所在系 5 个属性，用 E-R 图表示如图 1-6 所示。

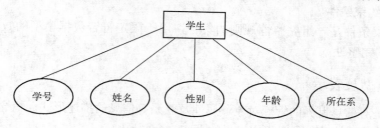

图 1-6　学生及属性的 E-R 图

由于实体集的属性比较多，有些实体可具有多达上百个属性，所以在 E-R 图中，实体集的属性可不直接画出。

3）用菱形表示实体集间的联系，菱形内写上联系名，多用动词描述。并用线段分别与有关实体集连接起来，同时在线段旁标出联系的类型。如果联系具有属性，则该属性仍用椭圆框表示，仍需要用线段将属性与其联系连接起来。例如，供应商、项目和零件之间存在有供应联系，该联系有供应量属性，如图 1-7 所示。

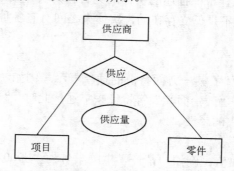

图 1-7　实体间联系的属性及其表示

3．实体联系的类型

实体集之间的联系可概括为以下 3 种。

1）一对一联系（1:1）。设有两个实体集 A 和 B，如果实体集 A 与实体集 B 之间具有一对一联系，则：对于实体集 A 中的每一个实体，在实体集 B 中至多有一个（也可以没有）实体与之联系；反之，对于实体集 B 中的每一个实体，实体集 A 也至多有一个实体与之联系。两实体集间的一对一联系记作 1:1。例如，在一个工厂里面只有一个厂长，而一个厂长只能在一个工厂里任职，则工厂与厂长之间具有一对一联系。

2）一对多联系（1:n）。设有两个实体集 A 和 B，如果实体集 A 与实体集 B 之间具有一对多联系，则：对于实体集 A 的每一个实体，实体集 B 中有一个或多个实体与之联系；而对于实体集 B 的每一个实体，实体集 A 中至多有一个实体与之联系。实体集 A 与实体集 B 之间的一对多联系记作 1:n。例如，一个学校里有多名教师，而每个教师只能在一个学校里教学，则学校与教师之间具有一对多联系。

3）多对多联系（m:n）。设有两个实体集 A 和 B，如果实体集 A 与实体集 B 之间具有多对多联系，则：对于实体集 A 的每一个实体，实体集 B 中有一个或多个实体与之联系；反之，对于实体集 B 中的每一个实体，实体集 A 中也有一个或多个实体与之联系。实体集 A 与实体集 B 之间的多对多联系记作 m:n。例如，工厂里的一个职工可以参加多种体育组织，而一个体育组织也可以有多名职工，体育组织与职工之间具有多对多联系。

实际上，一对一联系是一对多联系的特例，而一对多联系又是多对多联系的特例。图 1-8 是用 E-R 图表示两个实体集之间的 1:1、1:n 和 m:n 联系的例子。

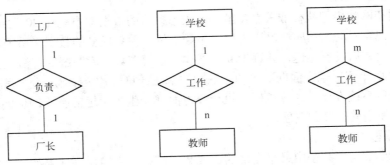

图 1-8　两个实体集联系的例子

以上 3 种实体间的联系都是发生在两个实体集之间的。实际上，3 个或 3 个以上实体集之间也可以同时发生联系。例如，图 1-9a 所示的教师、课程、参考书之间的联系，一门课程可以有若干教师讲授，一个教师只讲授一门课程；一门课程使用若干本参考书，每一本参考书只供一门课程使用。因此，课程与教师、参考书之间的联系是一对多的。又如，供应商、项目和零件之间的联系，一个供应商可以供给多个项目多种零件；每个项目可以使用多个供应商供应的零件；每种零件可由不同供应商供给。因此，供应商、项目、零件 3 个实体型之间是多对多的联系，如图 1-9b 所示。

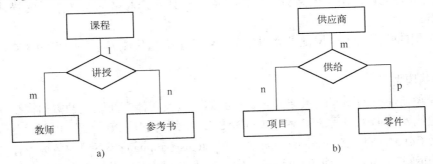

a)　　　　　　　　　　　　　　　　b)

图 1-9　3 个实体集联系的例子

另外，在一个实体集的实体之间也存在一对一、一对多或多对多的联系。例如，职工是一个实体集，职工中有领导，而领导自身也是职工。职工实体集内部具有领导与被领导的联系，即某一个职工领导若干名职工，而一个职工仅被一个领导所管，这种联系是一对多的联系，如图 1-10 所示。

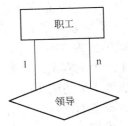

图 1-10　同一实体集内的一对多联系实例

1.3.3　常用的数据模型

数据模型是按计算机系统的观点对数据建模，是现实世界数据特征的抽象，用于 DBMS 的实现。数据库领域最常用的数据模型主要有 4 种，它们是层次模型（Hierarchical Model）、网状模型（Network Model）、关系模型（Relational Model）和面向对象的模型（Object Oriental Model）。

层次模型和网状模型统称非关系模型。非关系模型的数据库系统在 20 世纪 70～80 年代初非常流行，在当时的数据库产品中占据了主导地位。关系模型的数据库系统在 20 世纪 70 年代开始出现，之后发展迅速，并逐步取代了非关系模型数据库系统的统治地位。

20 世纪 80 年代以来，面向对象的方法和技术在计算机各个领域，包括程序设计语言、软件工程、信息系统设计、计算机硬件设计等方面都产生了深远的影响，也促进了数据库中面向对象数据模型的研究和发展。

1．层次模型

层次模型是数据库系统中最早出现的逻辑数据模型，它用树型（层次）结构表示实体类型及实体间的关系。层次模型数据库系统的典型代表是 IBM 公司的 IMS 数据库管理系统，这是一个曾经广泛使用的数据库管理系统。

在数据库中，对同时满足以下两个条件的数据模型称为层次模型。

1）有且仅有一个节点无双亲，这个节点称为"根节点"。

2）其他节点有且仅有一个双亲。

层次模型是一棵倒置的树。在层次模型中，同一双亲的子女节点称为兄弟节点；没有子女的节点称为叶节点；双亲节点与其任意一个子女节点都构成一个基本层次关系，表示一对多的关系。

层次模型的优点：层次模型数据结构简单，对具有一对多的层次关系的描述自然、直观、易理解。

层次模型的缺点：上一层记录类型和下一层记录类型只能表示一对多的关系，无法实现多对多关系。

2．网状模型

网状模型是用有向图（网状结构）表示实体类型及实体之间联系的数据模型。网状数据模型的典型代表是 DBTG 系统，也称 CODASYL 系统，它是 20 世纪 70 年代美国数据系统语言研究会 CODASYL（Conference On Data Systems Language）下属的数据库任务组 DBTG（DataBase Task Group）提出的一个系统方案，对当时的数据库系统产生了巨大的影响。

网状模型同时满足以下两个条件。

1）有一个以上的节点没有双亲。

2）节点可以有多于一个的双亲。

网状模型的结构比层次模型的结构更具有普遍性，它允许多个节点没有双亲，也允许节点有多于一个的双亲。此外，网状模型还允许两个节点之间有多种联系。因而，网状模型可以更直接地去描述现实世界。

网状模型的优点：记录之间的联系通过指针实现，具有良好的性能，存取效率较高。

网状模型的缺点：随着应用环境的扩大，数据库的结构会变得越来越复杂，编写应用程序也会更加复杂。与层次模型一样，现在的数据库管理系统已经很少使用网状模型了。

3. 关系模型

关系模型是目前最重要的一种数据模型。关系数据库系统采用关系模型作为数据的组织方式，现在流行的数据库系统大都是关系数据库系统。关系模型是由美国 IBM 公司 San Jose 研究室的研究员 E.F.Codd 于 1970 年首次提出的。自 20 世纪 80 年代以来，计算机厂商新推出的数据库管理系统几乎都是支持关系模型的，非关系模型的产品也大都加上了关系接口。

（1）关系模型中的数据结构

关系数据模型建立在严格的数学概念的基础上。在关系模型中，数据的逻辑结构是一张二维表，它由行和列组成。下面以学生信息表（见表1-1）为例，介绍关系模型中的一些术语。

表1-1　学生信息表

学　　号	姓　　名	性　　别	年　　龄	所 在 系
09001	王刚	男	20	计算机系
09002	李霞	女	19	计算机系
09002	张敏敏	女	20	英语系
...	...	...	...	...

1）关系：一个关系（Relation）对应通常所说的一张二维表，表1-1就是一个关系。

2）元组：表中的一行称为一个元组（Tuple），许多系统中把元组称为记录。

3）属性：表中的一列称为一个属性（Attribute），给每个属性起一个名称即属性名。上表中有 5 列，对应 5 个属性（学号，姓名，性别，年龄，所在系）。同一个表中的属性应具有不同的属性名。

4）码：表中的某个属性或属性组，它们的值可以唯一地确定一个元组，且属性组中不含多余的属性，这样的属性或属性组称为关系的码（Key）。在表1-1中，学号可以唯一确定一个学生，因而学号是学生信息表的码。

5）域：属性的取值范围称为域（Domain）。例如，大学生的年龄属性的域是（16～35），性别的域是（男，女）。

6）分量：元组中的一个属性值。

7）关系模式：关系的型称为关系模式（Relation Mode），关系模式是对关系的描述。关系模式一般的表示是：关系名（属性1，属性2，…，属性n）。

例如，学生信息表关系可描述为：学生信息（学号，姓名，性别，年龄，所在系）。

8）关系模型中的数据全部用关系表示。

在关系模型中，实体集以及实体间的联系都是用关系来表示的。

例如，关系模型中，学生、课程、学生与课程之间的多对多的联系可以用如下 3 个关系模式表示：

学生（学号，姓名，性别，年龄，所在系）；

课程（课程号，课程名，先修课，学分）；

选修（学号，课程号，成绩）。

关系模型要求关系必须是规范化的。所谓关系规范化是指关系模式要满足一定的规范条件。关系规范条件很多，但首要条件是关系的每一个分量必须是不可分的数据项。

（2）关系数据模型的数据操作

关系操作主要包括数据查询和插入、删除、修改数据。关系中的数据操作是集合操作，无论操作的原始数据、中间数据或结果数据都是若干元组的集合，而不是单记录的操作方式。此外，关系操作语言都是高度非过程化的语言，用户在操作时，只要指出"干什么"或"找什么"，而不必详细说明"怎么干"或"怎么找"。由于关系模型把存取路径对用户隐蔽起来了，使得数据的独立性大大提高；由于关系语言的高度非过程化，使得用户对关系的操作变得容易，提高了系统的效率。

（3）关系的完整性约束条件

关系的完整性约束条件包括 3 大类：实体完整性、参照完整性和用户定义的完整性。其具体含义将在后面介绍。

4．面向对象的模型

面向对象数据模型（简称 OO 模型）是面向对象程序设计方法与数据库技术相结合的产物。面向对象数据库系统支持面向对象数据模型。一个面向对象的数据库系统是一个持久的、可共享的对象库的存储和管理者；而一个对象库是由一个面向对象数据模型所定义的对象集合体。

一个面向对象数据模型是用面向对象观点来描述现实世界实体（对象）的逻辑组织、对象间限制、联系的模型。一切事物、概念都可以看作对象，对象对应的是信息世界中实体的概念。

面向对象数据模型能完整描述现实世界的数据结构，具有丰富的表达能力，但该模型相对比较复杂，涉及的知识比较多，因此面向对象数据库尚未达到关系数据库的普及程度。

1.3.4 数据库系统的三级数据模式结构

数据库体系结构是数据库的一个总的框架。虽然目前市场上流行的数据库管理系统软件品种多样，支持不同的数据模型，使用不同的数据库语言，但就其体系结构而言却是大致相同的。数据库的数据模式由外模式、模式和内模式三级模式构成，如图 1-11 所示。

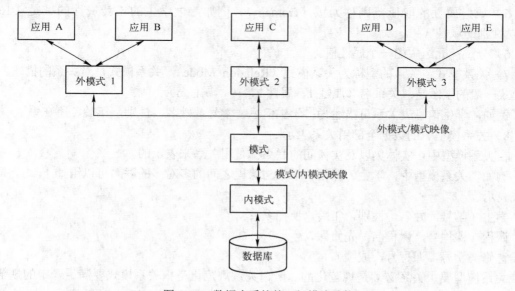

图 1-11　数据库系统的三级模式结构

1. 数据库的三级模式结构

数据库的三级模式是指逻辑模式、外模式、内模式。

（1）逻辑模式

逻辑模式（Logical Schema）也称模式（Schema），它是对数据库中数据的整体逻辑结构和特征的描述。逻辑模式使用模式 DDL 进行定义，其定义的内容不仅包括对数据库的记录型、数据项的型、记录间的联系等的描述，同时也包括对数据的安全性定义（保密方式、保密级别和数据使用权）、数据应满足的完整性条件和数据寻址方式的说明。

逻辑模式是系统为了减小数据冗余，实现数据共享的目标并对所有用户的数据进行综合抽象而得到的统一的全局数据视图。一个数据库系统只能有一个逻辑模式。

（2）外模式

外模式（External Schema）也称子模式（Subschema），它是对各个用户或程序所涉及的数据的逻辑结构和数据特征的描述。外模式使用子模式 DDL（Subschema DDL）进行定义，该定义主要涉及对子模式的数据结构、数据域、数据构造规则及数据的安全性和完整性等属性的描述。

子模式是完全按用户自己对数据的需要、站在局部的角度进行设计的。由于一个数据库系统有多个用户，所以就可能有多个数据子模式。由于子模式是面向用户或程序设计的，所以它被称为用户数据视图。从逻辑关系上看，子模式是模式的一个逻辑子集，从一个模式可以推导出多个不同的子模式。

（3）内模式

内模式（Internal Schema）也叫存储模式（Access Schema）或物理模式（Physical Schema）。内模式是对数据的内部表示或底层描述。内模式使用内模式 DDL（Internal Schema DDL）定义。一个数据库只能有一个内模式。

2. 数据库系统的二级映像技术及作用

数据库系统的二级映像技术是指外模式与模式之间的映像、模式与内模式之间的映像技术，二级映像技术不仅在三级数据模式之间建立了联系，同时也保证了数据的独立性。

（1）外模式/模式映像及作用

外模式/模式之间的映像，定义并保证了外模式与数据模式之间的对应关系。外模式/模式的映像定义通常保存在外模式中。当模式变化时，DBA 可以通过修改映像的方法使外模式不变；由于应用程序是根据外模式进行设计的，只要外模式不改变，应用程序就不需要修改。显然，数据库系统中的外模式与模式之间的映像技术保证了数据的逻辑独立性。

（2）模式/内模式映像及作用

模式/内模式之间的映像，定义并保证了数据的逻辑模式与内模式之间的对应关系。它说明数据的记录、数据项在计算机内部是如何组织和表示的。当数据库的存储结构改变时，DBA 可以通过修改模式/内模式之间的映像使数据模式不变化。由于用户或程序是按数据的逻辑模式使用数据的，所以只要数据模式不变，用户仍可以按原来的方式使用数据，程序也不需要修改。模式/内模式映像的技术保证了数据的物理独立性。

1.4　实训

1．实训目的

1）正确区分数据库、数据库系统和数据库管理系统三者的关系。

2）熟练掌握概念模型的表示方法。

3）理解数据库系统中三级模式、二级映像的概念和作用。

2．实训内容

1）分析下列的假设分别属于哪种类型的实体间关系。

假设一：用户和信用卡之间的联系是，每个人只能在银行申请一张信用卡，并且每张信用卡最多归一个用户使用。

假设二：用户和信用卡之间的联系是，每个人可以在银行申请任意多张信用卡，但是每张信用卡最多归一个用户使用。

假设三：用户和信用卡之间的联系是，每个人可以在银行申请任意多张信用卡，每张信用卡可以归多个用户使用。

假设四：仓库和职工之间的联系是，一个仓库有多个职工担任仓库保管员，一个职工只能在一个仓库工作。

假设五：一个班级的学生实体集中，学生之间具有领导和被领导的关系，即班长领导班级其他同学。

假设六：顾客与购买商品之间的联系是，一个顾客可以购买多种商品，一个商品供应给多个顾客。

2）举例说明数据库系统的二级映像技术如何保证数据的独立性。

1.5　习题

1．数据库系统中所支持的主要数据模型有层次模型、关系模型、_____模型和面向对象的模型。

2．数据库系统的三级模式结构由外模式、模式和_____组成。

3．在概念模型中，通常用"实体—联系"图表示数据的结构，其 3 个主要的元素是_____、属性和_____。

4．数据处理进入数据库系统阶段，以下不是这一阶段优点的是（　　　）。

    A．有很高的数据独立性　　　　　　　　B．数据不能共享

    C．数据整体结构化　　　　　　　　　　D．有完备的数据控制功能

5．用于定义、撤销和修改数据库对象的语言是（　　　）。

    A．DDL　　　　　B．DML　　　　　C．DCL　　　　D．DEL

6．数据库管理技术的发展阶段不包括（　　　）。

    A．数据库系统管理阶段　　　　　　　　B．人工管理阶段

    C．文件系统管理阶段　　　　　　　　　D．操作系统管理阶段

7．数据库系统的核心是（   ）。

A．数据库   B．用户   C．软件   D．硬件

8．简述数据库管理系统的主要功能。

9．简述信息与数据的关系。

10．分析数据库、数据库系统、数据库管理系统三者的区别。

11．数据库的三级模式结构是什么？各级模式的作用是什么？

12．解释以下术语：

关系   属性   码   关系模式

第2章 关系数据库

关系数据库是建立在集合代数基础上，应用数学方法来处理数据库中的数据。现实世界中的各种实体以及实体之间的各种联系均可用关系模型来表示。了解关系数据库理论，才能设计出合理的数据库。本章介绍关系代数和关系数据库设计规范等。

2.1 关系

关系模型中无论是实体还是实体间的联系均由单一的结构类型即关系来表示。在实际的关系数据库中的关系也称为表。一个关系数据库就是由若干个表组成。在第 1 章中讨论了关系模型中的一些术语，在此不再赘述。

1. 域（Domain）

域是一组具有相同数据类型的值的集合。

例如，整数、实数、介于某个取值范围的整数、指定长度的字符串集合、{'男', '女'}、所有学生的姓名、介于某个取值范围的日期等都可以是域。

2. 关系的概念

关系是笛卡儿积的有限子集，无限关系在数据库系统中是无意义的。关系也是一个二维表，表的每行对应一个元组，表的每列对应一个域。例如学生关系见表 2-1，"B0001，王华，19，计算机系"是一个元组。"所在系"列中的取值来自全校所有的系名组成的域。

表 2-1　学生关系

学号	姓名	年龄	所在系
B0001	王华	19	计算机系
B0002	张明	19	外语系
B0003	李刚	20	经管系
B0004	赵蓝	19	计算机系

3. 关系的性质

关系具有以下性质：

1）列是同质的，每一列中的分量是同一类型的数据，来自同一个域。例如在表 2-1 学生关系中，"姓名"列中的取值来自全校学生姓名组成的域。

2）不同的列可出自同一个域，其中的每一列称为一个属性，不同的属性要给予不同的属性名。例如在表 2-1 学生关系中具有 4 个属性，分别是"学号""姓名""年龄"和"所在系"。

3）列的顺序无所谓，次序可以任意交换。例如在表 2-1 学生关系中，"学号"和"姓名"列交换位置，对于此关系没有任何影响。

4）任意两个元组不能完全相同，即关系中不能有完全相同的两条记录。例如在表 2-1 学生关系中表现为不能有完全相同的两条学生信息。

5）行的顺序无所谓，次序可以任意交换。

6）分量必须取原子值，每一个分量都必须是不可分的数据项，即每个属性不能再分割。

2.2 关系运算

关系运算主要有选择、投影、连接等运算。

2.2.1 选择

从关系中找出满足给定条件的所有元组称为选择。其中的条件是以逻辑表达式给出的，该逻辑表达式的值为真的元组被选取。这是从行的角度进行的运算，即水平方向抽取记录。

选择运算记为 $\sigma_F(R)$，其中 σ 是选择运算符，R 是一个关系，F 为条件表达式。

若要在学生关系表 2-1 中找出所有年龄低于 20 的行组成一个新表，则需要做选择运算：σ_F(学生信息)，其中 F 为年龄<20，该运算的结果见表 2-2。

表 2-2 选择运算的结果

学号	姓名	年龄	所在系
B0001	王华	19	计算机系
B0002	张明	19	外语系
B0004	赵蓝	19	计算机系

2.2.2 投影

从关系中挑选若干属性组成新的关系称为投影。这是从列的角度进行运算，相当于对关系进行垂直分解。投影运算记为 $\prod_x(R)$，其中 R 为一个关系，x 为一组属性名。

若要对表 2-1 学生信息中的"学号"和"姓名"组成新表，则需要做投影运算。$\prod_x(S)$，其中 x 为学号，姓名，该运算的结果见表 2-3。

表 2-3 投影运算的结果

学号	姓名	学号	姓名
B0001	王华	B0003	李刚
B0002	张明	B0004	赵蓝

2.2.3 连接

连接是将两个关系的属性名拼接成一个更宽的关系，生成的新关系中包含满足连接条件的元组。运算过程是通过连接条件来控制的，连接是对两个表的操作。

1. 交叉连接

交叉连接又称笛卡儿连接，设表 R 和 S 的属性个数分别为 r 和 s，元组个数分别为 m 和 n，则 R 和 S 的交叉连接是一个具有 r＋s 个属性、m×n 个元组的表，且每个元组的前 r 个属性来自于 R 的一个元组，后 s 个属性来自于 S 的一个元组，记为 R×S。

设学生和选课关系见表 2-4，则学生×选课的结果见表 2-5。

表 2-4　学生和选课关系

学生					选课		
学号	姓名	年龄	所在系		学号	课程名	成绩
B0001	王华	19	计算机系		B0001	数据库	80
B0004	赵蓝	19	计算机系		B0002	可视化编程	76
					B0003	数据库	15

表 2-5　交叉连接

学生、学号	姓名	年龄	所在系	选课、学号	课程名	成绩
B0001	王华	19	计算机系	B0001	数据库	80
B0001	王华	19	计算机系	B0002	可视化编程	76
B0001	王华	19	计算机系	B0003	数据库	15
B0004	赵蓝	19	计算机系	B0001	数据库	80
B0004	赵蓝	19	计算机系	B0002	可视化编程	76
B0004	赵蓝	19	计算机系	B0003	数据库	15

2. 内连接

（1）条件连接

条件连接是把两个表中的行按照给定的条件进行拼接而形成的新表，结果列为连接的两个表的所有列，记为 R ∞_F S。其中 R 和 S 是进行连接的表，F 是条件。

设学生和选课关系见表 2-4，则学生 ∞_F 选课的结果见表 2-6，其中条件为"成绩"＜"年龄"。

表 2-6　条件连接

学生、学号	姓名	年龄	所在系	选课、学号	课程名	成绩
B0001	王华	19	计算机系	B0003	数据库	15
B0004	赵蓝	19	计算机系	B0003	数据库	15

（2）自然连接

自然连接是除去重复属性的等值连接，它是连接运算的一个特例，是最常用的连接运算。

自然连接记为 R∞S，其中 R 和 S 是两个表，并且具有一个或多个同名属性。在连接运算中，同名属性一般都是外关键字，否则会出现重复数据。

设学生和选课关系见表 2-4，则学生∞选课的结果见表 2-7。

表 2-7　自然连接

学号	姓名	年龄	所在系	课程名	成绩
B0001	王华	19	计算机系	数据库	80

3．外连接

在关系 R 和 S 上做自然连接时，选择两个关系在公共属性上值相等的元组构成新关系的元组。此时 R 和 S 中公共属性值不相等的元组被舍弃。如果 R 和 S 在做自然连接时，把原该舍弃的元组也保留在新关系中，同时在这些元组新增加的属性上填上空值（NULL），这种操作称为"外连接"操作。

（1）左外连接

左外连接就是在查询结果集中显示左边表中所有的记录，以及右边表中符合条件的记录。

（2）右外连接

右外连接就是在查询结果集中显示右边表中所有的记录，以及左边表中符合条件的记录。

（3）全外连接

全外连接就是在查询结果集中显示左右两张表中所有的记录，包括符合条件和不符合条件的记录。

若有学生和选课两个关系，见表 2-4，则左外连接、右外连接和全外连接结果见表 2-8。

表 2-8　外连接

左外连接

学号	姓名	年龄	所在系	课程名	成绩
B0001	王华	19	计算机系	数据库	80
B0004	赵蓝	19	计算机系	NULL	NULL

右外连接

学号	姓名	年龄	所在系	课程名	成绩
B0001	王华	19	计算机系	数据库	80
B0002	NULL	NULL	NULL	可视化编程	76
B0003	NULL	NULL	NULL	数据库	15

全外连接

学号	姓名	年龄	所在系	课程名	成绩
B0001	王华	19	计算机系	数据库	80
B0002	NULL	NULL	NULL	可视化编程	76
B0003	NULL	NULL	NULL	数据库	15
B0004	赵蓝	19	计算机系	NULL	NULL

2.3 关系的完整性及约束

2.3.1 关系的完整性

关系的完整性也可称为关系的约束条件，它是对关系的一些限制和规定，通过这些限制保证数据的正确性和一致性。关系的完整性包括实体完整性、参照完整性和域完整性。

1. 实体完整性

实体完整性规则规定基本关系的所有主码对应的主属性都不能取空值。例如学生关系中，学生（学号，姓名，年龄，所在系），其中学号为主码，学号不能取空值。

2. 参照完整性

参照完整性指被引用表中的主关键字和引用表中的外部主关键字之间的关系，如被引用行是否可以被删除等。如果要删除被引用的对象，那么也要删除引用它的所有对象，或者把引用值设置为空（如果允许的话)。

例如，在前面的学生和选课关系中，删除某个学生元组之前，必须先删除相应的引用该学生的选课元组。这就是参照完整性。

3. 域完整性

域完整性是针对某一具体关系数据库的约束条件，反映某一具体应用所涉及的数据必须满足的语义要求。例如，选课关系中的"分数"取值规定为0～100。

2.3.2 约束

SQL Server 2008 提供了 6 种约束，用以保证数据的完整性。约束是对实体属性的取值范围和格式所设置的限制，是实现数据完整性的重要手段。

1. 主键约束（Primary Key）

设置主键约束的字段称为主键字段，主键约束可以保证数据的实体完整性。

规范化的数据库中的每张表都必须设置主键约束，主键的字段值必须是唯一的，不允许重复，也不能为空。一张表只能定义一个主键，主键可以是单一字段，也可以是多个字段的组合。

例如，在前面的学生关系中，设置"学号"为主键；在选课关系中，设置"学号+课程名"为主键。

2. 外键约束（Foreign Key）

如果一个表中某个字段的数据只能取另一个表中某个字段值之一，则必须为该字段设置外键约束，外键约束可以保证数据的参照完整性和域完整性。

设置外键约束字段的表称为子表，它所引用的表称为父表。外键约束可以使一个数据库的多张表之间建立关联，通过外键约束可以使父表和子表建立一对多的逻辑关系。

例如，在学生关系和选课关系中，选课关系中的"学号"取值为学生关系中"学号"的一部分，必须为选课关系中的"学号"设置外键约束，选课关系为子表，学生关系为父表。

3. 唯一约束（Unique）

唯一约束可以指定一列数据或几列数据的组合值在表中是唯一不能重复的。

唯一约束用于保证主键以外的字段值不能重复，用以保证数据的实体完整性。

一张表可以定义多个唯一约束，定义为唯一约束的字段可以允许为空值，但只能有一个空值。

4．检查约束（Check）

检查约束是用指定的条件（逻辑表达式）检查限制输入数据的取值范围是否正确，用以保证数据的参照完整性和域完整性。如"性别"字段只能输入"男""女"。

例如，在学生关系中，学生年龄一般在 15～25，可以设置检查约束检验"年龄"字段的取值范围是否在此之间。

5．默认值约束（Default）

默认值约束是指给某个字段绑定一个默认的初始值，输入记录时若没有给出该字段的数据，则自动填入默认值以保证数据的域完整性。如银行卡的初始密码实际上就相当于默认值。

例如，在选课关系中，"分数"字段可以设置默认值为"0"，即当没有输入分数时，默认为 0 分。

6．空值约束（Null）

空值约束是指不知道或不能确定的特殊数据，不等同于数值 0 和字符的空格。

空值约束就是设置某个字段是否允许为空，用以保证数据的实体完整性和域完整性。必须有确定值的字段可以设置空值约束为"否"，即不允许为空；可以允许有不确定值的字段设置空值约束为"是"，即允许为空。

例如，在学生关系中，学生的姓名不能为空，可以设置"姓名"字段的空值约束为"否"。

2.4　关系设计的规范化

数据模型是数据库应用系统的基础和核心，合理设计数据模型是数据库应用系统设计的关键。为了区分数据模型的优劣，人们常常把数据模型分为各种不同等级的范式。

范式来自英文 Normal Form，简称 NF。一个好的关系必须满足一定的约束条件，此约束已经形成了规范，分成几个等级，越来越严格。满足最低要求的关系称它属于第一范式，在此基础上又满足了某种条件，达到第二范式标准，则称它属于第二范式的关系，直到第五范式。满足较高条件者必满足较低范式条件。一个较低范式的关系，可以通过关系的无损分解转换为若干较高级范式关系的集合，这一过程称为关系规范化。一般情况下，第一范式和第二范式的关系存在许多缺点，实际的数据库一般使用第三范式以上的关系。

关系规范化的基本方法是逐步消除关系模式中不合适的数据依赖，使模式达到某种程度的分离，即不要将若干事物混在一起，而要彼此分开，用一个关系表示一个事物，所以，规范化的过程也被认为是"单一化"的过程。

规范化是以函数相关性理论为基础的，其中最重要的是函数依赖。定义如下：给定一个关系 R，有属性（或属性组）A 和 B，如果 R 中 B 的每个值都与 A 的唯一确定值对应，则称 B 函数依赖于 A，A 被称为决定因素。

2.4.1　第一范式（1NF）

第一范式规定关系的每一个分量必须是一个不可分的数据项，即表中每个属性都是不可分割的最小数据元素，没有重复的列。

例如，表 2-9 的教学关系中所有的属性都是不可再分的简单属性，满足 1NF。

1NF 的关系是从关系的基本性质而来，任何关系必须遵守。

表 2-9　教学关系

学号	姓名	年龄	系名	系主任	课程名	成绩
B0001	王华	19	计算机系	孙强	数据库	80
B0002	张明	19	外语系	马为民	可视化编程	76
B0003	李刚	20	经管系	李东	数据结构	75
B0004	赵蓝	19	计算机系	孙强	专业英语	83

2.4.2　第二范式（2NF）

如果关系模式 R 满足第一范式，且它的任何一个非主属性都完全函数依赖于任一个候选码，则 R 满足第二范式（简记为 2NF）。即一个关系中不允许有两个相同的实体，数据表没有相同的行，通过关键字使记录唯一。

部分函数依赖关系是造成插入异常的原因。在第二范式中，不存在非主属性之间的部分函数依赖关系，即消除了部分函数依赖关系，因此第二范式解决了插入异常问题。

例如，表 2-9 的教学关系中：

属性集={学号，姓名，年龄，系名，系主任，课程名，成绩}
主码=（学号，课程号）
非主属性=（姓名，年龄，系名，系主任，成绩）

其中，非主属性姓名、年龄、系名、系主任只部分依赖于学号，而与课程名无关。因此，该教学模式不属于 2NF。

该关系模式存在数据冗余、更新异常和删除异常等存储问题。解决的办法是将非第二范式的关系模式分解出若干个第二范式关系模式。

分解的方法如下：

1）把关系模式中对码完全函数依赖的非主属性与决定它们的码放在一个关系模式中；

2）把对码部分函数依赖的非主属性和决定它们的主属性放在一个关系模式中；

3）检查分解后的新模式，如果仍不是 2NF，则继续按照前面的方法进行分解，直到达到要求。

根据 2NF 的定义，把教学模式分解为：

学生_系（学号，姓名，年龄，系名，系主任）；
选课（学号，课程名，成绩）。

这两个关系都不存在部分函数依赖，它们都是 2NF。

2.4.3 第三范式（3NF）

如果关系模式 R 是第二范式，且没有一个非码属性传递依赖于码，则称 R 是第三范式（简记为 3NF）。

传递函数依赖关系是造成删除异常的原因。第三范式消除了传递函数依赖部分，解决了数据的删除异常问题。

例如，在上例的学生_系模式中，学号→系名，系名→系主任，即系主任传递依赖于学号，因此学生_系模式不是 3NF，它存在着删除异常问题。解决的方法就是消除其中的传递依赖，将学生_系模式进一步分解为若干个独立的第三范式模式。分解的方式如下：

1）把直接对码函数依赖的非主属性与决定它们的码放在一个关系模式中；

2）把造成传递函数依赖的决定因素连同被它们决定的属性放在一个关系模式中；

3）检查分解后的新模式，如果不是 3NF，则继续按照前面的方法进行分解，直到达到要求。

对于学生_系关系模式来说，姓名、系名直接依赖主属性学号，可将它们放在一个关系模式中。系名决定系主任，系名是造成传递函数依赖的决定因素，将它们放在另一个关系模式中。分解后的关系模式为：

学生（学号，姓名，年龄，系名）
教学系（系名，系主任）

可以看出，学生和教学系关系模式是描述单一的现实事物，都不存在传递依赖关系，它们是 3NF。

满足 3NF 的关系数据库一般情况下能达到满意的效果，但是仍有可能发生异常，这时就需要用更高的范式去限制它。

2.4.4 BC 范式（BCNF）

对于关系模式 R，若 R 中的所有非平凡的、完全的函数依赖的决定因素是码，则 R 是 BCNF。

由 BCNF 的定义可以得出如下结论。若 R 是 BCNF，则 R 有：

- 所有非主属性对每一个码都是完全函数依赖；
- 所有主属性对每一个不包含它的码也是完全函数依赖；
- 没有任何属性完全函数依赖于非码的任何一组属性。

若关系模式 R 属于 BCNF，则 R 中不存在任何属性对码的传递依赖和部分依赖，所有 R 也属于 3NF。因此任何属于 BCNF 的关系模式一定属于 3NF，反之则不然。

学生（学号，姓名，年龄，系名）是 BCNF。

至此，表 2-9 中不规范的教学关系已被分解为符合 BCNF 的 3 个教学模式：

学生（学号，姓名，年龄，系名）
教学系（系名，系主任）

选课（学号，课程名，成绩）

在实际应用中，最有价值的是 3NF 和 BCNF，在进行关系模式的设计时，通常分解到 3NF 就足够了。

数据库的设计都需要一定程度的规范化，但规范化的缺点是降低了数据库的性能，由于规范化数据库要连接不同表中的数据，必须给所关联的数据表进行定位，会对数据库性能产生一定的负面影响。

所谓非规范化是对已经规范化的数据库做适当的修改，允许有限度的冗余，比如允许在表中使用少量频率较高的重复数据等。非规范化的数据库不同于没有规范化过的原始数据库。

2.5 实训

1. 实训目的

1）了解函数（数据）依赖及范式的基本概念。
2）能正确判断某一关系属于第几范式。
3）掌握规范化数据的方法。

2. 实训内容

1）部门表见表 2-10，判断其是否满足第一范式并说明理由。

表 2-10 部门表

部门编号	部门名称，人数	位置
D0001	1 部，20	1 楼
D0002	2 部，30	2 楼
D0003	3 部，25	3 楼

2）促销员的销量表见表 2-11，判断其是否满足第二范式并说明理由。

表 2-11 销量表

员工编号	产品编号	销售数量	产品颜色	产品重量
E0001	P0001	30	红色	20
E0002	P0002	20	蓝色	10

3）促销员表见表 2-12，判断其是否满足第三范式并说明理由。

表 2-12 促销员表

员工编号	员工姓名	所属部门编号	部门地址
E0001	王林	D0001	1 楼
E0002	张平	D0002	2 楼

4）将表 2-10 部门表转换为满足第一范式的表。

5）将表2-11销量表转换为满足第二范式的表。

6）将表2-12促销员表转换为满足第三范式的表。

2.6 习题

1．关系数据库就是指基于_____的数据库，管理关系数据库的计算机软件称为_____。

2．在关系数据库中使用术语_____来标识行的一列或多列。

3．关系完整性约束包括_____完整性、参照完整性和用户定义的完整性。

4．设属性A是关系R的主属性，则属性A不能取空值（NULL），这是（   ）。

    A．实体完整性规则   B．参照完整性规则

    C．用户定义完整性规则   D．域完整性规则

5．下面是有关主键和外键之间关系的描述，下列描述正确的是（   ）。

    A．一个表中最多只能有一个主键约束，多个外键约束

    B．一个表中最多只能有一个外键约束，一个主键约束

    C．在定义主键外键时，应该首先定义主键约束，然后定义外键约束

    D．在定义主键外键时，应该首先定义外键约束，然后定义主键约束

6．下面是对关系数据库的描述正确的是（   ）。

    A．是由数据表和数据表之间的关联组成

    B．数据表中的行通常称为记录或元组

    C．数据表中的列称为字段或属性

    D．每一个数据表分别说明数据库中某一特定的方面或部分的对象及其属性

7．关系模型的数据结构是（   ）。

    A．树   B．图   C．表   D．二维表

8．在关系数据库中，正确描述主键的是（   ）。

    A．实体   B．属性   C．标识符   D．关系

9．简述关系模型的完整性规则。

10．关系具有什么特点？

11．简述各级范式的判断标准。

12．简述主键约束和唯一约束的区别。

13．设有关系R和S：

R	
A	B
a	B
c	B
d	E

S	
B	C
b	c
e	a
b	d

求R和S的自然连接、左外连接、右外连接、全外连接的结果。

14．简述在关系代数中，条件连接和自然连接的区别。

15. 关系规范化的作用是什么？1NF 至 BCNF，每种范式的特点是什么？

16. 指出下列关系各属于第几范式。

1）学生（学号，姓名，课程号，成绩）

2）学生（学号，姓名，性别）

3）学生（学号，姓名，所在系，所在系地址）

4）员工（员工编号，基本工资，岗位级别，岗位工资，奖金，工资总额）

5）供应商（供应商编号，零件号，零件名，单价，数量）

第3章　数据库设计

数据库是现代各种信息系统的核心，数据库中存储的信息能否正确反映现实世界，在运行中能否及时、准确地为各个应用程序提供所需数据，与信息系统的性能密切相关。本章主要介绍数据库设计的内容及常用的设计方法和步骤。

3.1　数据库设计概述

现实世界的信息结构复杂且应用环境多种多样，数据库的设计和开发工作是一项庞大的工程，是一个多学科的综合性技术。

3.1.1　数据库设计的内容

数据库设计的目标：对于给定的应用环境，建立一个良好的、能满足不同用户使用要求的、又能被选定的 DBMS 所接受的数据库系统模式。

数据库设计的内容主要有数据库的结构特性设计、数据库的行为特性设计、数据库的物理模式设计。

1. 数据库的结构特性设计

数据库的结构特性是指数据库的逻辑结构特征。由于数据库的结构特性是静态的，一般情况下不会轻易变动，因此数据库的结构特性设计又称为数据库的静态结构设计。

数据库的结构特性设计过程：先将现实世界中的事物、事物间的联系用 E-R 图表示，再将各个分 E-R 图汇总得出数据库的概念结构模型，最后将概念结构模型转化为数据库的逻辑结构模型表示。

2. 数据库的行为特性设计

数据库的行为特性设计是指确定数据库用户的行为和动作，并设计出数据库应用系统的系统层次结构、功能结构和系统数据流程图，确定数据库的子模式。数据库用户的行为和动作是指数据查询和统计、事物处理及报表处理等操作，这些都是通过应用程序表达和执行。由于用户行为总是更新数据库内容的存取数据操作，用户行为特性是动态的，所以数据库的行为特性设计也称为数据库的动态特性设计。

数据库行为特性的设计步骤：将现实世界中的数据及应用情况用数据流程图和数据字典表示，并详细描述其中的数据操作要求（即操作对象、方法、频度和实时性要求）；确定系统层次结构；确定系统的功能模块结构；确定数据库的子模式；确定系统数据流程图。

3. 数据库的物理模式设计

数据库的物理模式设计要求：根据库结构的动态特性（即数据库应用处理要求），在选定的 DBMS 环境下，把数据库的逻辑结构模型加以物理实现，从而得出数据库的存储模式和存取方法。

3.1.2 数据库设计的步骤

按规范化设计方法可将数据库设计分为以下 6 个阶段，每个阶段都有相应的成果，如图 3-1 所示。下面对具体内容进行介绍。

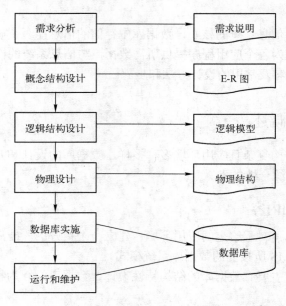

图 3-1   数据库设计步骤

1. 需求分析阶段

需求分析是数据库设计的第一步，也是最困难、最耗时间的一步。需求分析的主要任务：详细调查现实世界要处理的对象（组织、部门、企业等）；充分了解原系统（手工系统或计算机系统）的概况和发展前景；明确用户的各种需求；收集支持系统目标的基础数据及其处理方法；确定新系统的功能和边界。

（1）调查的内容

调查是系统需求分析的重要手段，只有通过对用户的调查研究，才能得出需要的信息。调查的目的是获得数据库所需数据情况和数据处理要求。调查的具体内容有以下 3 个方面。

1）信息内容：数据库中需存储哪些数据，它包括用户将从数据库中直接获得或者间接导出的信息的内容和性质。

2）数据处理内容：用户要完成什么数据处理功能；用户对数据处理响应时间的要求；数据处理的工作方式（是批处理还是联机处理）。

3）安全性和完整性要求。

（2）调查的步骤

1）了解管理对象的组织结构情况：在系统分析时，要对管理对象所涉及的行政组织机构进行了解，弄清所设计的数据库系统与哪些部门相关，这些部门以及下属各个单位的联系和职责是什么。

2）了解相关部门的业务活动情况：各部门需要输入和使用什么数据；在部门中是如何加工处理这些数据的；各部门需要输出什么信息；输出到什么部门；输出数据的格式是什么。

3）确定新系统的边界：哪些功能现在就由计算机完成；哪些功能将来准备让计算机完成；哪些功能或活动由人工完成。由计算机完成的功能就是新系统应该实现的功能。

2．概念结构设计阶段

概念结构设计是将系统需求分析得到的用户需求抽象为信息结构的过程。概念结构设计的结果是数据库的概念模型。数据库设计中应十分重视概念结构设计，它是整个数据库设计的关键。

只有将系统应用需求抽象为信息世界的结构，也就是概念模型后，才能转化为机器世界中的数据模型，并用 DBMS 实现这些需求。

概念模型独立于数据库逻辑结构和支持数据库的 DBMS，它应该满足以下几个方面。

1）概念模型是现实世界的一个真实模型：概念模型应能真实、充分地反映现实世界，能满足用户对数据的处理要求。

2）概念模型应当易于理解：概念模型只有被用户理解后，才可以与设计者交换意见，参与数据库设计。

3）概念模型应当易于更改：由于现实世界（应用环境和应用要求）会发生变化，这就需要改变概念模型，易于更改的概念模型有利于修改和扩充。

4）概念模型应易于向数据模型转换：概念模型最终要转换为数据模型。设计概念模型时应当注意，使其有利于向特定的数据模型转换。

现阶段概念模型通常用 E-R 图来描述和定义。设计系统的总体 E-R 图的可以分为两步：第一步是设计局部的 E-R 模型，即设计局部视图；第二步是综合各局部 E-R 模型，形成总的 E-R 模型，即全局的概念模型。

3．逻辑结构设计阶段

E-R 图表示的概念模型是用户数据要求的形式化。E-R 图独立于任何一种数据模型，它也不为任何一个 DBMS 所支持。逻辑结构设计的任务就是把概念模型结构转换成某个具体的 DBMS 所支持的数据模型。

通常把概念模型向逻辑模型的转换过程分为以下 3 步进行：

1）把概念模型转换成一般的数据模型。

2）将一般的数据模型转换成特定的 DBMS 所支持的数据模型。

3）通过优化方法将其转换为优化的数据模型。

概念模型向逻辑模型的转换步骤，如图 3-2 所示。

图 3-2　逻辑结构设计的 3 个步骤

由于现阶段流行的数据库系统多是基于关系模型的，下面重点介绍概念模型向关系模型的转换原则和方法。

将 E-R 图转换成关系模型要解决两个问题：一是如何将实体集和实体间的联系转换为关系模式；二是如何确定这些关系模式的属性和码。关系模型的逻辑结构是一组关系模式，而 E-R 图则是由实体集、属性以及联系 3 个要素组成的，将 E-R 图转换为关系模型实际就是要将实体集、属性以及联系转换为相应的关系模式。

概念模型转换为关系模型的基本方法如下。

（1）实体集的转换规则

概念模型中的一个实体集转换为关系模型中的一个关系，实体的属性就是关系的属性，实体的码就是关系的码，关系的结构是关系模式。

（2）实体集间联系的转换规则

在向关系模型转换时，实体集间的联系可按以下规则转换：

1）1:1 联系的转换方法。

一个 1:1 联系可以转换为一个独立的关系，也可以与任意一端实体集所对应的关系合并。如果将 1:1 联系转换为一个独立的关系，则与该联系相连的各实体的码以及联系本身的属性均转换为关系的属性，且每个实体的码均是该关系的候选码。如果将 1:1 联系与某一端实体集所对应的关系合并，则需要在被合并关系中增加属性，其新增的属性为联系本身的属性和与联系相关的另一个实体集的码。

2）1:n 联系的转换方法。

在向关系模型转换时，实体间的 1:n 联系可以有两种转换方法：一种方法是将联系转换为一个独立的关系，其关系的属性由与该联系相连的各实体集的码以及联系本身的属性组成，而该关系的码为 n 端实体集的码；另一种方法是在 n 端实体集中增加新的属性，新属性由联系对应的 1 端实体集的码和联系自身的属性构成，新增属性后原关系的码不变。

3）m:n 联系的转换方法。

在向关系模型转换时，一个 m:n 联系转换为一个关系。转换方法：与该联系相连的各实体集的码以及联系本身的属性均转换为关系的属性，新关系的码为两个相连实体码的组合（该码为多属性构成的组合码）。

4）3 个或 3 个以上实体集间的多元联系的转换方法。

要将 3 个或 3 个以上实体集间的多元联系转换为关系模式，可根据以下两种情况采用不同的方法处理：对于 1:n 的多元联系，转换为关系模型的方法是修改 n 端实体集对应的关系，即将与联系相关的 1 端实体集的码和联系自身的属性作为新属性加入到 n 端实体集中；对于 m:n 的多元联系，转换为关系模型的方法是新建一个独立的关系，该关系的属性为多元联系相连的各实体的码以及联系本身的属性，码为各实体码的组合。

（3）关系合并规则

在关系模型中，具有相同码的关系可根据情况合并为一个关系。

4. 物理结构设计阶段

数据库的物理结构设计是对于给定的逻辑数据模型，选取一个最适合应用环境的物理结构。数据库的物理结构指的是物理设备上的存储结构和存取方法，它依赖于给定的计算机系统。

数据库的物理结构设计可以分为两步进行：首先确定数据的物理结构，即确定数据库的存取方法和存储结构；然后对物理结构进行评价，对物理结构评价的重点是时间和效率。如果评价结果满足原设计要求，则可进行物理实施；否则应该重新设计或修改物理结构，有时甚至要返回逻辑设计阶段修改数据模型。

由于不同的数据库产品所提供的物理环境、存取方法和存储结构各不相同，供设计人员使用的设计变量、参数范围也各不相同，所以数据库的物理结构设计没有通用的设计方法可以遵循，仅有一般的设计内容和设计原则供数据库设计者参考。

数据库设计人员都希望自己设计的物理数据库结构能满足事务在数据库上运行时响应时间短、存储空间利用率高和事务吞吐率大的要求。为此，设计人员应该对要运行的事务进行详细的分析，获得选择物理数据库设计所需要的参数，并且应当全面了解给定的 DBMS 的功能、DBMS 提供的物理环境和工具，尤其是存储结构和存取方法。

关系数据库物理结构设计的内容主要指选择存取方法和存储结构，包括确定关系、索引、聚簇、日志、备份等的存储安排和存储结构，确定系统配置等。

5. 数据库实施阶段

对数据库的物理结构设计进行初步评价以后，就可以进行数据库的实施了。数据库实施阶段的工作如下：

1）设计人员用 DBMS 提供的数据定义语言和其他实用程序将数据库逻辑设计和物理设计结果严格描述出来，使数据模型成为 DBMS 可以接受的源代码。

2）经过调试产生目标模式，完成建立定义数据库结构的工作。

3）组织数据入库，并运行应用程序进行调试。组织数据入库是数据库实施阶段最主要的工作。由于数据库数据量一般都比较大，而且数据来源于部门中的各个不同的单位，分散在各种数据文件、原始凭证或单据中，有大量的纸质文件需要处理，数据的组织方式、结构和格式都与新设计的数据库系统有相当大的差距。组织数据录入时需要将各类源数据从各个局部应用中抽取出来，并输入到计算机后再进行分类转换，综合成符合新设计的数据库结构的形式，最后输入数据库。为提高数据输入工作的效率和质量，必要时要针对具体的应用环境设计一个数据录入子系统，由计算机完成数据入库的任务。

6. 数据库的运行和维护阶段

数据库设计与应用开发工作完成之后，系统进入运行与维护阶段，对数据库经常性地维护工作主要是由数据库管理员完成的。数据库的维护工作包括以下 4 项。

（1）数据库的转储和恢复

数据库的转储和恢复是系统正式运行后最重要的维护工作之一。数据库管理员要针对不同的应用要求制订不同的转储计划，以保证一旦发生故障尽快将数据库恢复到某种一致的状态，并尽可能减少对数据库的破坏。

（2）数据库的安全性、完整性控制

在数据库运行过程中，由于应用环境的变化，对安全性的要求也会发生变化。比如有的数据原来是机密的，现在变成可以公开查询的了，而新加入的数据又可能是机密的。或者数据库的完整性约束条件也会变化，这些都需要数据库管理员不断修正，以满足用户需要。

（3）数据库性能的监督、分析和改造

在数据库运行过程中，监督系统运行、对监测数据进行分析并找出改进系统性能的方法，是数据库管理员的又一重要任务。目前有些 DBMS 产品提供了监测系统性能的参数工具，数据库管理员可以利用这些工具方便地得到系统运行过程中一系列性能参数的值。数据库管理员应仔细分析这些数据，判断当前系统运行状况是否最佳，应做哪些改进。

（4）数据库的重组织

数据库运行一段时间后，会使数据库的物理存储情况变坏，从而降低了数据的存取效率，数据库的性能下降。这时，数据库管理员就要对数据库进行重组织或部分重组织。DBMS 一般都提供数据重组织用的实用程序。

这里仅对数据库设计的步骤进行了粗略的介绍，还有许多细节内容未涉及，有兴趣的读者可以参考相关书籍。

3.2 销售管理系统数据库的设计

本书以一个商品销售管理系统为例，介绍数据库从设计到具体实施的过程。实际的商品销售管理系统内部运行过程十分复杂，这里只选取和商品销售系统使用者密切相关且熟悉的采购和销售过程。但通过该示例的学习和灵活运用相关的知识，读者就可以开发出功能强大的数据库系统。

3.2.1 需求分析

通过对现行销售业务的调查，明确了商品销售系统由基础信息管理、销售管理、查询统计 3 个部分组成。用户对系统功能的描述如下。

（1）基础信息管理

1）对所有商品信息、员工信息、供应商信息、客户信息统一编码和管理；

2）对商品信息、员工信息、供应商信息、客户信息在系统中实现添加、修改、删除功能。

（2）销售管理

1）新增采购信息和销售信息；

2）对采购信息和销售信息进行修改和删除。

（3）查询统计

1）用于商品信息查询、采购和销售信息查询、商品销量查询等；

2）将采购和销售的商品数量同步级联更新到商品信息的库存和销售量中。

3.2.2 数据库结构设计

数据库设计的步骤：根据需求分析建立概念模型；将数据库的概念模型转换为数据模型；进行规范化处理。

1. 数据库的概念模型

根据系统需求分析，可以得出销售管理系统的概念模型。如图 3-3 所示是使用 E-R 图表示的销售管理系统的概念模型。

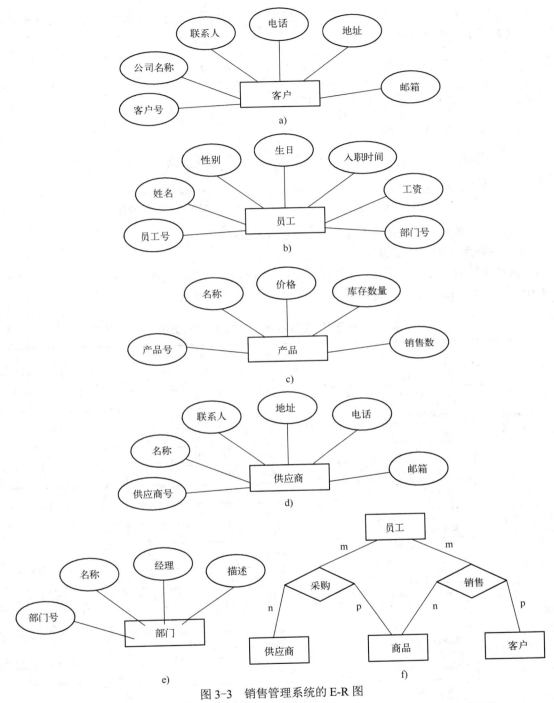

图 3-3 销售管理系统的 E-R 图

a) 客户实体图　b) 员工实体图　c) 产品实体图　d) 供应商实体图　e)部门实体图　f)实体间练习图

2. 数据库逻辑模型

根据由 E-R 图转换为关系模型的基本方法,将销售管理系统的 E-R 图转换为关系模式,带有下画线的为关系的码。

1）首先将客户、员工、产品、供应商和部门实体集分别转化成为一个关系模式，这样，数据库中应该有以下 3 个基本关系：

客户（客户号，名称，联系人，电话，地址，邮箱地址）
员工（员工号，姓名，性别，生日，入职时间，工资，部门号）
产品（产品号，名称，价格，库存数量，销售数量）
供应商（供应商号，名称，联系人，地址，电话，邮件）
部门（部门号，名称，经理，部门描述）

2）根据图 3-3f 的实体间联系，将两者的 m:n 关系转化成为以下两个关系模式：

采购信息（采购订单号，产品号，采购数量，员工号，供应商号，采购日期）
销售信息（销售订单号，产品号，销售数量，员工号，客户号，销售日期）

将销售管理系统的数据库名定为 "CompanySales"。

3．数据库结构的详细设计

关系属性的设计包括属性名、数据类型、数据长度、是否允许空值、是否为主码及约束条件。表 3-1 详细列出了销售管理系统各表的属性设计情况。

表 3-1　销售管理系统数据库各表的属性设计情况

表名	属性名	数据类型	字段长度	是否允许空	约束条件
Customer（客户表）	CustomerID（客户号）	int		否	主键
	CompanyName（公司名称）	varchar	50	是	
	ContactName（联系人）	char	8	是	
	Phone（电话）	varchar	20	是	
	Address（地址）	varchar	100	是	
	EmailAddress（邮箱地址）	varchar	50	是	
Department（员工所在部门表）	DepartmentID（部门号）	int		否	主键
	DepartmentName（部门名称）	varchar	30	是	
	Manager（经理）	char	8	是	
	Depart_Description（部门描述）	varchar	50	是	
Employee（员工表）	EmployeeID（员工号）	int		否	主键
	EmployeeName（员工姓名）	varchar	50	是	唯一约束（值不重复）
	Sex（性别）	char	2	是	检查约束（只能输入"男"或者"女"）
	BirthDate（生日）	smalldatetime		是	默认约束（默认系统当前时间）
	HireDate（入职时间）	smalldatetime		是	外键（参照 Department 表 DepartmentID 字段）
	Salary（工资）	money		是	
	DepartmentID（部门号）	int		是	
Product（产品表）	ProductID（产品号）	int		否	主键
	ProductName（产品名称）	varchar	50	否	
	Price（价格）	decimal	18,2	是	

表名	属性名	数据类型	字段长度	是否允许空	约束条件
Product（产品表）	ProductStockNumber（库存数量）	int		是	
	ProductSellNumber（销售数量）	int		是	
Provider（供应商）	ProviderID（供应商号）	int		否	主键
	ProviderName（供应商名称）	varchar	50	是	
	ContactName（联系人）	char	8	是	
	ProviderAddress（供应商地址）	varchar	100	是	
	ProviderPhone（供应商电话）	varchar	15	是	
	ProviderEmail（供应商邮件）	varchar	20	是	
Purchase_order（采购表）	PurchaseOrderID（采购订单号）	int		否	主键
	ProductID（产品号）	char		是	外键（参照 Product 表 ProductID 字段）
	PurchaseOrderNumber（采购数量）	varchar		是	
	EmployeeID（员工号）	char		是	外键（参照 Employee 表 EmployeeID 字段）
	ProviderID（供应商号）	date		是	外键（参照 Provider 表 ProviderID 字段）
	PurchaseOrderDate（采购日期）	date		是	
Sell_Order（销售表）	SellOrderID（销售订单号）	int		否	主键
	ProductID（产品号）	int		是	外键（参照 Product 表 ProductID 字段）
	SellOrderNumber（销售数量）	int		是	
	EmployeeID（员工号）	Int		是	外键（参照 Employee 表 EmployeeID 字段）
	CustomerID（客户号）	Int		是	外键（参照 Customer 表 CustomerID 字段）
	SellOrderDate（销售日期）	smalldatetime		是	

3.3 实训——设备管理系统数据库设计

1. 实训目的

1）熟悉数据库设计的步骤。

2）能独立完成 E-R 图的设计。

3）掌握数据库概念模型向逻辑模型的转换操作。

4）练习绘制 E-R 图。

2. 实训内容

1）建立一个"设备管理信息系统"，该系统要对学校的设备进行管理，并记录设备外接信息。

2）设计"设备管理信息系统"的 E-R 图。

3）绘制"设备管理信息系统"的 E-R 图。

4）设计"设备管理信息系统"数据库全部表结构。

3.4 习题

1．网状模型的优点是可以避免数据的_____，缺点是关联性比较复杂，尤其是当数据网变得越来越大时，关联性的维护会非常复杂。

2．一般来说，数据库的设计都要经历需求分析、_____、逻辑结构设计、_____、数据库实施和_____。

3．以下不属于数据模型的是（　　）。

　　A．层次模型　　　　　B．网状模型　　　C．关系模型　　　D．概念模型

4．数据库设计过程包括几个主要阶段？哪些阶段独立于数据库管理系统？哪些阶段依赖于数据库管理系统？

5．对数据库设计各个阶段上的设计进行描述。

6．概念模型向关系模型转换时，实体集间一对多联系的转换规则是什么？

7．需求分析的必要性是什么？

8．数据库的维护工作包括哪些内容？

第4章　SQL Server 2008 系统概述

本章首先介绍 SQL Server 的发展历史以及 SQL Server 2008 的各种版本，然后以企业版版本的试用版为例介绍 SQL Server 2008 的安装过程，最后讨论 SQL Server 2008 的常用技术和主要管理工具。

4.1　SQL Server 2008 简介

SQL Server 2008 是由 Microsoft 公司开发的数据库服务器平台，其中 2008 是其版本号。SQL Server 2008 是一个可信任的、高效的、智能的数据平台，旨在满足目前和将来管理和使用数据的需求。

4.1.1　SQL Server 的发展历史

1988 年，Microsoft、Sybase 和 Ashton-Tate 公司联合，开发出运行于 OS/2 操作系统上的 SQL Server 1.0。

1989 年，Ashton-Tate 公司退出 SQL Server 的开发。

1990 年，SQL Server 1.1 产品面世。

1992 年，SQL Server 4.2 产品面世。

1994 年，Microsoft 公司和 Sybase 公司分道扬镳。

1995 年，Microsoft 公司发布了 SQL Server 6.0 产品，随后的 SQL Server 6.5 产品取得了巨大的成功。

1998 年，Microsoft 公司发布了 SQL Server 7.0 产品，开始进入企业级数据库市场。

2000 年，Microsoft 公司发布了 SQL Server 2000 产品。

2005 年，Microsoft 公司发布了 SQL Server 2005 产品。

2008 年，Microsoft 公司发布了 SQL Server 2008 产品。

4.1.2　SQL Server 2008 的版本

SQL Server 2008 共有 7 个不同的版本，这些版本各有不同，用户可以根据自己的需要和软、硬件环境来选择不同的版本。

1. SQL Server 2008 Enterprise Edition（企业版）

SQL Server 2008 企业版是一个全面的数据管理和商业智能平台，提供企业级的可扩展性、数据库安全性以及先进的分析和报表支持，从而运行关键业务应用。此版本可以整合服务器及运行大规模的在线事务处理，能满足最复杂的要求。该版本是超大型企业的选择。

2. SQL Server 2008 Standard Edition（标准版）

SQL Server 2008 标准版是一个完整的数据管理和商业智能平台，提供业界最好的易用性和可管理性以运行部门级应用。该版本是为中小企业提供的数据管理和分析平台。

3. SQL Server 2008 Workgroup Edition（工作组版）

SQL Server 2008 工作组版是一个可信赖的数据管理和报表平台，为应用程序提供安全、远程同步和管理能力。此版本包括核心数据库的特点并易于升级到标准版或企业版，适用于小企业。

4. SQL Server 2008 Developer Edition（开发版）

SQL Server 2008 开发版使开发人员能够用 SQL Server 建立和测试任何类型的应用程序。此版本的功能与 SQL Server 企业版功能相同，但只为开发、测试及演示使用颁发许可。在此版本上开发的应用程序和数据库可以很容易升级到 SQL Server 2008 企业版。该版本适用于生产和测试应用程序的企业开发人员。

5. SQL Server 2008 Express Edition（学习版）

SQL Server 2008 学习版是 SQL Server 的一个免费版本，提供核心数据库功能，包括 SQL Server 2008 所有新的数据类型。此版本旨在提供学习和创建桌面应用程序和小型服务器应用程序并可被 ISV 重新发布的免费版本。该版本是非专业开发人员的选择。

6. SQL Server 2008 Web Edition（网络版）

SQL Server 2008 网络版是为运行于 Windows 服务器上的高可用性、面向互联网的网络环境而设计。SQL Server 2008 网络版为客户提供了必要的工具，以支持低成本、大规模、高可用性的网络应用程序或主机托管解决方案。

7. SQL Server 2008 Compact Edition（移动版）

SQL Server 移动版是为开发者设计的一个免费的嵌入式数据库，旨在为移动设备、桌面和网络客户端创建一个独立运行并适合互联网的应用程序。SQL Server 移动版可在微软所有 Windows 的平台上运行，包括 Windows XP、Windows Vista 操作系统，以及 Pocket PC 和智能手机设备。

4.2 SQL Server 2008 的安装

本节将具体介绍 SQL Server 2008 的安装过程。

4.2.1 环境需求

在安装 SQL Server 2008 之前，必须配置适当的硬件和软件，并保证它们正常运行，这样可以避免很多安装过程发生的问题。由于篇幅，本节内容全部以 SQL Server 2008（32 位）为例。

1. 硬件需求

SQL Server 2008 的硬件需求见表 4-1 所示。关于内存的大小，会由于操作系统不同，可能需要额外的内容。实际的硬盘空间要求也会因系统配置和选择安装的应用程序和功能的不同而有所不同。

表 4-1　SQL Server 2008 安装的硬件需求

硬　　　件	最　低　要　求	
CPU	Pentium III 兼容处理器或速度更快的处理器 主频最低 1.0 GHz，建议 2.0GHz	
内存（RAM）	企业版、标准版、工作组版、开发版及网络版 最小：512MB，建议：2.048GB 或更大的内存 学习版：最小：256MB，建议：1GB 或更大的内存	
硬盘空间	数据库引擎和数据文件、复制以及全文搜索	280MB
	Analysis Services 和数据文件	90MB
	Reporting Services 和报表管理器	20MB
	Integration Services	120MB
	客户端组件	850MB
	SQL Server 联机丛书和 SQL Server Compact 联机丛书	240MB
监视器	图形工具需要使用 VGA 或更高分辨率：分辨率至少为 1024×768 像素	
CD-ROM 驱动器	CD 或 DVD 驱动器	

2．软件需求

SQL Server 2008 常用于 Windows 7、Windows XP、Windows Server 2003、Windows Vista、Windows 7/8、Windows Server 2008，各版本对操作系统的要求有所不同。

3．其他需求

SQL Server 2008 还需满足表 4-2 中的几个条件。

表 4-2　SQL Server 2008 安装的其他要求

项　　　目	最　低　要　求
IE 浏览器	Microsoft Internet Explorer 6 SP1 及以上版本
框架	NET Framework 3.5
Windows Installer	4.5 及以上版本
MDAC	Microsoft 数据访问组件 2.8 SP1 及以上版本

4.2.2　SQL Server 2008 的安装过程

在安装 SQL Server 2008 之前，最好关闭所有已打开的应用程序（包括病毒防护程序、安全监测程序，如 360 安全卫士），以免在安装过程中多次出现确认提示。

下面以安装 SQL Server 2008 Enterprise Evaluation 简体中文版为例，介绍安装步骤。用户可以把下载的映像文件刻录成 DVD 光盘，通过光盘安装；最方便的安装方法是使用虚拟光驱软件（推荐使用免费的 Daemon Tools）加载，通过虚拟光驱安装。整个安装过程大约需要 2 小时 30 分钟，安装步骤如下：

1）双击 SQL Server 2008 安装盘中的 Setup.exe，显示"SQL Server 2008 安装程序"对话框，如图 4-1 所示。SQL Server 2008 要求系统中必须已经安装 Microsoft.Net Framework 3.5 SP1 和 Windows Installer 4.5（其实就是 Windows 的 KB942288 补丁），如果没有安装，SQL Server 2008 的安装程序将首先安装它们，然后才安装 SQL Server 2008。单击"确定"按钮，安装这些必备组件。接着显示加载安装组件提示，如图 4-2 所示。

图 4-1　确定安装必备组件对话框　　　　　　　图 4-2　加载安装组件提示

2）显示软件许可条款窗口，如图 4-3 所示。单击选中"我已经阅读并接受许可协议中的条款"单选钮，然后单击"安装"按钮，开始安装 Microsoft.Net Framework 3.5 SP1，显示"下载和安装进度"窗口。安装完成后显示"安装完成"窗口，如图 4-4 所示，单击"退出"按钮。

图 4-3　软件许可条款窗口　　　　　　　　图 4-4　安装完成窗口

3）如果系统没有安装 Windows 的修补程序 KB942288（即 Windows Installer 4.5），将显示安装对话框，如图 4-5 所示，单击"确定"按钮开始更新，显示更新进度对话框，如图 4-6 所示。Windows Installer 4.5 组件安装完成后，需要重新启动，显示重新启动对话框，如图 4-7 所示，单击"确定"按钮重新启动系统。

图 4-5　安装修补程序对话框

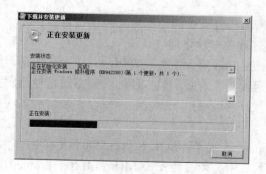

图 4-6　更新过程图　　　　　　　　　　图 4-7　重新启动对话框

4）如果系统原来已经安装了修补程序，将直接显示"SQL Server 安装中心"窗口。如果是通过 3）步骤安装的，需要再次双击 SQL Server 2008 安装盘中的 Setup.exe。

在"SQL Server 安装中心"窗口中，单击左侧窗格中的"安装"，然后在右侧窗格中单击"全新 SQL Server 独立安装或向现有安装添加功能"，如图 4-8 所示。

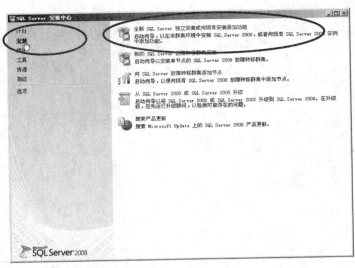

图 4-8　"SQL Server 安装中心"窗口

5）显示"安装程序支持规则"窗口，如图 4-9 所示。安装程序支持规则可以发现在安装 SQL Server 过程中可能发生的问题。必须更正所有失败，安装程序才能继续。单击"确定"按钮继续。

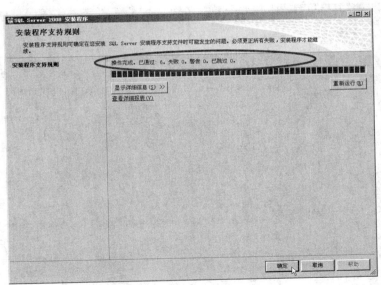

图 4-9　"安装程序支持规则"窗口

6）显示"产品密钥"窗口，如图 4-10 所示。如果有产品密钥，应选中"输入产品密钥"单选钮，并输入 25 个字符的产品密钥，安装程序会根据输入的产品密钥来确定将要安装的版本。如果没有产品密钥，可从下拉列表中指定"Enterprise Evaluation""Express"等版本，将有 180 天的试用期。本例选取"Enterprise Evaluation"，然后单击"下一步"按钮。

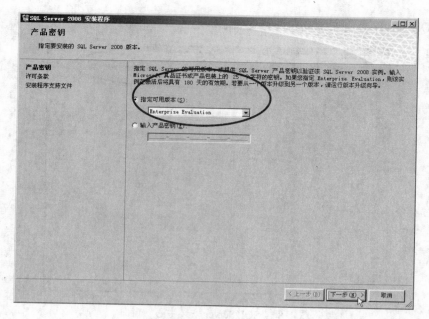

图4-10 "产品密钥"窗口

7）显示"许可条款"窗口，如图 4-11 所示。单击选中"我接受许可条款"复选框，然后单击"下一步"按钮。

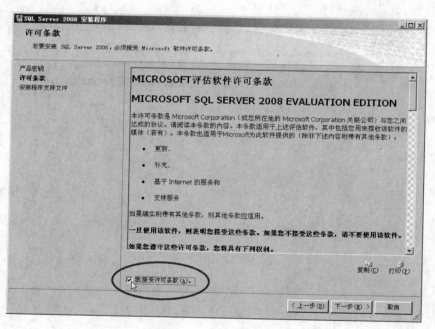

图4-11 "许可条款"窗口

8）显示"安装程序支持文件"窗口，如图 4-12 所示。如果计算机上尚未安装 SQL Server 必备组件，则安装向导将安装它们。其中包括：NET Framework 2.0、SQL Server Native Client、SQL Server 安装程序支持文件。单击"安装"按钮。

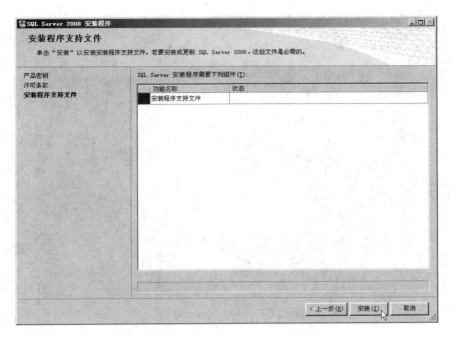

图 4-12 "安装程序支持文件"窗口

9）将显示安装过程窗口，然后显示"安装程序支持规则"窗口，如图 4-13 所示。系统配置检查器将在安装继续之前检验计算机的系统状态。检查完成后，单击"下一步"继续。

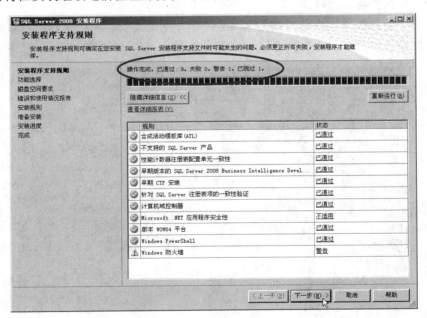

图 4-13 "安装程序支持规则"窗口

10）显示"功能选择"窗口，如图 4-14 所示，选择要安装的组件。如果不清楚应该选择哪些组合，就全部选中，本例单击"全选"按钮全部选中。

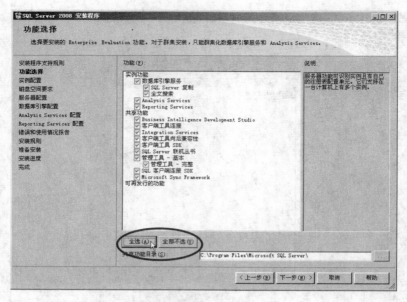

图 4-14 "功能选择"窗口

还可以在对话框底部的文本框中为共享组件指定自定义目录。若要更改共享组件的安装路径，请更新对话框底部文本框中所提供的路径名，或单击"..."导航到另一个安装目录。默认安装路径为 X:\Program Files\Microsoft SQL Server\（X 为系统默认的盘符）。

单击"下一步"按钮继续。

11）显示"实例配置"窗口，如图 4-15 所示，指定是安装默认实例还是命名实例。安装程序将检测系统中已安装的 SQL Server 实例，并显示在"已安装的实例"框中。

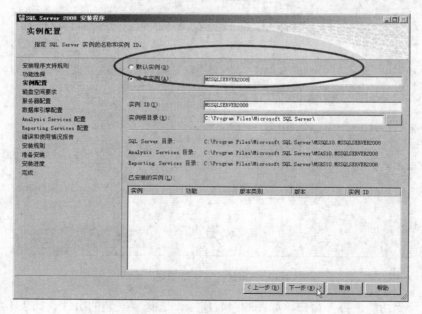

图 4-15 "实例配置"窗口

默认情况下，使用实例名称作为实例 ID 的后缀，这用于标识 SQL Server 实例的安装目录和注册表项。默认实例和命名实例的默认方式都是如此。对于默认实例，实例名称和实例 ID 后缀均为 MSSQLSERVER。

如果系统中只安装一个版本的 SQL Server 版本，则可采用默认实例；如果系统中同时安装有其他实例，如 SQL Server 2005、2000 等版本，则必须命名实例。

若要使用非默认的实例 ID 后缀，选中"命名示例"单选钮，在其后的文本框中输入一个字符串值。本例我们选中它，并输入"MSSQLSERVER2008"。

"实例根目录"默认目录为 X:\Program Files\Microsoft SQL Server\。若要指定一个非默认的根目录，在其后的文本框中输入路径，或单击浏览按钮"..."以找到一个安装文件夹。一般不需要更改实例根目录。

单击"下一步"按钮，继续设置。

12）显示"磁盘空间要求"窗口，如图 4-16 所示，计算指定的功能所需的磁盘空间，然后将要求与可用磁盘空间进行比较。如果所需的磁盘空间不够，可单击"上一步"按钮，返回前面的窗口，把共享安装目录或实例目录安装到其他磁盘。单击"下一步"按钮继续。

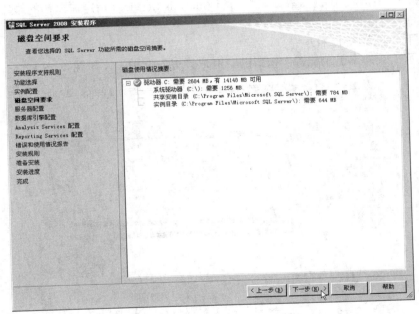

图 4-16 "磁盘空间要求"窗口

13）显示"服务器配置"窗口的"服务账户"选项卡，如图 4-17 所示，指定 SQL Server 服务的登录账户。此页上配置的实际服务取决于前面选择安装的功能。

可以为所有 SQL Server 服务分配相同的登录账户，也可以分别配置每个服务账户。还可以指定服务是自动启动、手动启动还是禁用。建议对各服务账户进行单独配置，以便为每项服务提供最低特权，即向 SQL Server 服务授予它们完成各自任务所需的最低权限。

为了在编写代码时方便，这里对所有服务使用相同的账户，分别单击"账户名"下的各行，从下拉列表中选取"NETWORK SERVICE"，配置后的结果，如图 4-17 所示。

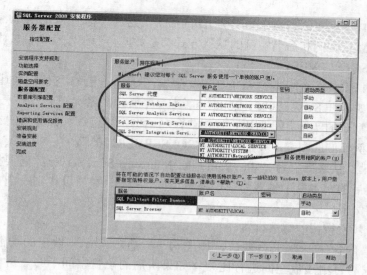

图 4-17 "服务器配置"窗口的"服务账户"选项卡

"排序规则"选项卡设置为数据库引擎和 Analysis Services 指定非默认的排序规则,一般不需要更改。

单击"下一步"按钮继续。

14)显示"数据库引擎配置"窗口的"账户设置"选项卡,如图 4-18 所示。

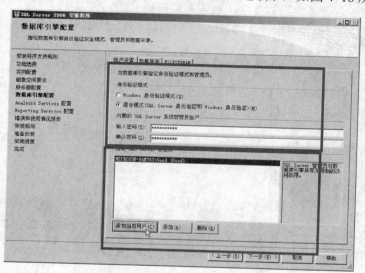

图 4-18 "数据库引擎配置"窗口的"账户设置"选项卡

在"账户设置"选项卡中指定以下项目。

● 身份验证模式:为 SQL Server 实例选择"Windows 身份验证模式"或"混合模式"。如果选择"混合模式"身份验证,则必须为内置 SQL Server 系统管理员账户提供一个强密码。在设备与 SQL Server 成功建立连接之后,用于 Windows 身份验证和混合模式身份验证的安全机制是相同的。本例选择"混合模式",并输入密码。

- SQL Server 管理员：必须至少为 SQL Server 实例指定一个系统管理员。本例单击"添加当前用户"按钮，添加当前用户后，显示如图 4-18 所示（图中用户名为 Good，即登录 Windows 的用户名）。

一般不用设置"数据目录"选项卡和"FILESTREAM"选项卡。单击"下一步"按钮。

15）显示"Analysis Services 配置"窗口的"账户设置"选项卡，如图 4-19 所示。在"账户设置"选项卡中指定将拥有 Analysis Services 的管理员权限的用户或账户。必须为 Analysis Services 至少指定一个系统管理员，本例单击"添加当前用户"，如图 4-19 所示是添加当前用户后的显示。

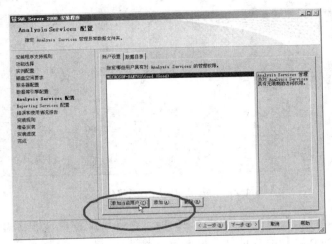

图 4-19 "Analysis Services 配置"窗口的"账户设置"选项卡

"数据目录"选项卡指定非默认的安装目录，一般采用默认的安装目录。

单击"下一步"按钮。

16）显示"Reporting Services 配置"窗口，如图 4-20 所示，指定要创建的 Reporting Services 安装的类型。本例选用"安装本机模式默认配置"。单击"下一步"按钮。

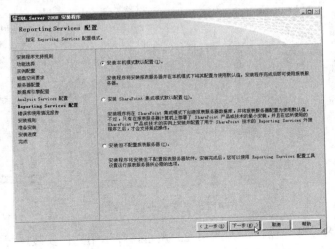

图 4-20 "Reporting Services 配置"窗口

17）显示"错误和使用情况报告"窗口，如图 4-21 所示，指定要发送到 Microsoft 以帮助改善 SQL Server 的信息。单击"下一步"按钮继续。

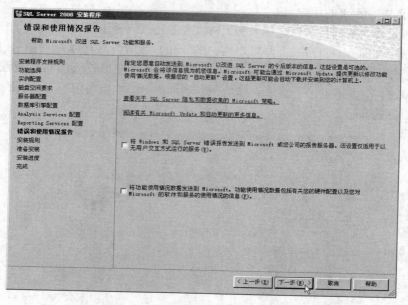

图 4-21 "错误和使用情况报告"窗口

18）显示"安装规则"窗口，如图 4-22 所示，系统配置检查器将再运行一组规则来针对用户指定的 SQL Server 功能验证计算机配置。验证通过后，单击"下一步"按钮。

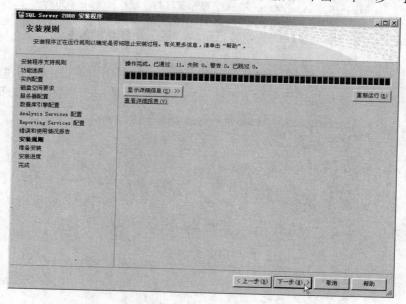

图 4-22 "安装规则"窗口

19）显示"准备安装"窗口，如图 4-23 所示，显示用户在安装过程中指定的安装选项的树状视图，单击"安装"按钮。

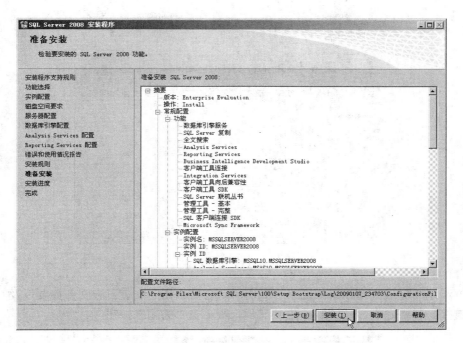

图 4-23 "准备安装"窗口

20）显示"安装进度"窗口，如图 4-24 所示。在安装过程中，"安装进度"窗口中会显示相应的状态，用户可以在安装过程中监视安装进度。

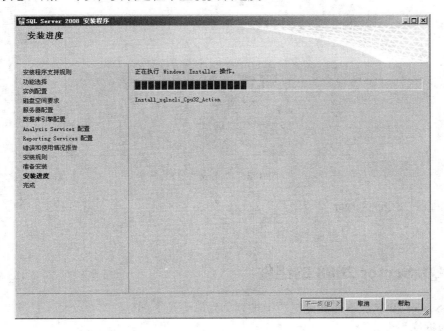

图 4-24 "安装进度"窗口

安装过程完成后，显示安装组件的状态，如图 4-25 所示。若状态都显示为"成功"，则单击"下一步"按钮。

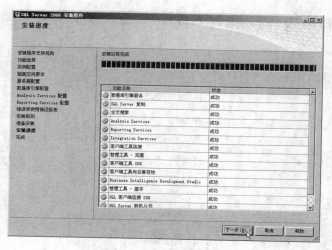

图 4-25 组件状态

21) 显示 "完成" 窗口, 如图 4-26 所示, 会显示指向安装日志文件摘要以及其他重要说明的链接。若要完成 SQL Server 安装过程, 则单击 "关闭" 按钮。

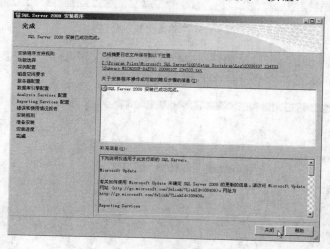

图 4-26 "完成" 窗口

22) 回到 "SQL Server 安装中心" 窗口, 如图 4-8 所示, 单击窗口右上角的关闭按钮 ⊠ 结束安装。

4.3 SQL Server 2008 的组件

SQL Server 2008 版本在功能组成上被划分为以下几个部分。

1. 数据库引擎

数据库引擎是用于存储、处理和保护数据的核心服务。利用数据库引擎可控制访问权限并快速处理事务, 从而满足企业内大多数需要处理大量数据的应用程序的要求。

使用数据库引擎创建用于联机事务处理或联机分析处理数据的关系数据库。这包括创建用于存储数据的表和用于查看、管理和保护数据安全的数据库对象（如索引、视图和存储过程）。用户可以使用 SQL Server Management Studio 管理数据库对象，使用 SQL Server Profiler 捕获服务器事件。

2. Analysis Services-多维数据

Analysis Services 可以分析大量数据，还可以设计、创建和管理包含来自多个数据源的详细信息和聚合数据的多维结构。

若要管理和使用联机分析处理（OLAP）多维数据集，可以使用 SQL Server Management Studio。若要创建新的 OLAP 多维数据集，可以使用 Business Intelligence Development Studio。

3. Analysis Services-数据挖掘

使用 Analysis Services 中的数据挖掘工具有助于用户识别数据中的模式，从而确定出现问题的原因，并能够创建规则和建议，从而预测将来会出现的问题。无须创建数据仓库即可执行数据挖掘；可以使用来自外部提供程序、电子表格，甚至文本文件的表格格式数据，还可以挖掘创建的 OLAP 多维数据集。

Analysis Services 提供了大量工具，可以使用这些工具针对关系数据和多维数据集数据生成数据挖掘解决方案。SQL Server 2008 中的数据挖掘不仅功能强大、易于访问，并且与许多用户在进行分析和报告工作时喜欢使用的工具集成在一起。

4. Integration Services

Integration Services 是用于生成高性能数据集成和工作流解决方案（包括针对数据仓库的提取、转换和加载操作）的平台。

Integration Services 包括生成并调试包的图形工具和向导；执行如 FTP 操作、SQL 语句和电子邮件消息传递等工作流功能的任务；用于提取和加载数据的数据源和目标；用于清理、聚合、合并和复制数据的转换；管理服务，即用于管理 Integration Services 包的 Integration Services 服务；用于对 Integration Services 对象模型编程的应用程序接口（API）。

5. 复制

SQL Server 复制是一组技术，它将数据和数据库对象从一个数据库复制并分发到另一个数据库，然后在数据库间进行同步，以维持一致性。将复制分为以下两大类是非常有用的：在服务器到服务器环境中复制数据以及在服务器和客户端之间复制数据。在服务器之间复制数据通常支持伸缩性和可用性改进，数据仓库和报告以及来自多个站点的数据的集成。在服务器和客户端之间复制数据通常支持与移动用户交换数据、POS（消费者销售点）应用程序以及来自多个站点的数据的集成。

6. Reporting Services

用户可使用报表进行信息沟通、制定决策和识别机遇。SQL Server 2008 Reporting Services （SSRS）是一个基于服务器的报表平台，它提供各种现成可用的工具和服务，方便、快捷地创建、部署、管理和使用报表，从关系数据源、多维数据源和基于 XML 的数据源检索数据，发布可通过多种格式查看的报表，还可以集中管理报表安全性和订阅。创建的报表既可以通过基于 Web 的连接来查看，也可以作为 Microsoft Windows 应用程序或 SharePoint 站点的一部分来查看。

7．Service Broker

Service Broker 可帮助数据库开发人员生成可靠且可扩展的应用程序。由于 Service Broker 是数据库引擎的组成部分，因此管理这些应用程序就成为数据库日常管理的一部分。

Service Broker 为 SQL Server 提供队列和可靠的消息传递。Service Broker 既可用于使用单个 SQL Server 实例的应用程序，也可用于在多个实例间分发工作的应用程序。

这些组件之间的关系不是平行的，而是具有嵌套关系。Integration Services 被看作 SQL Server 2008 各大组件之间的胶合剂，同时也是 SQL Server 2008 作为商务智能平台的重要组成部分。整个系统以更主动的方式向用户提供各种信息服务。

4.4　SQL Server 2008 管理工具

SQL Server 2008 提供了一整套管理工具和实用程序，使用这些工具和程序，用户可以设置和管理 SQL Server，进行数据库管理，并保证数据库的安全和一致。

4.4.1　SQL Server Management Studio

SQL Server Management Studio（SQL Server 管理控制器）是为 SQL Server 数据库管理员和开发人员提供的图形化、集成了丰富开发环境的管理工具，也是 SQL Server 2008 最重要的管理工具，将以前版本的 SQL Server 中的企业管理器、查询分析器和 Analysis Manager 功能整合到同一环境中。

SQL Server Management Studio 是一个集成的管理平台，用于访问、配置、管理和开发 SQL Server 的组件。Management Studio 的安装需要 Internet Explorer 6 SP1 或更高版本。

从 Windows 中选择"开始"→"所有程序"→"Microsoft SQL Server 2008"→"SQL Server Management Studio"，打开"SQL Server Management Studio"窗口，如图 4-27 所示。

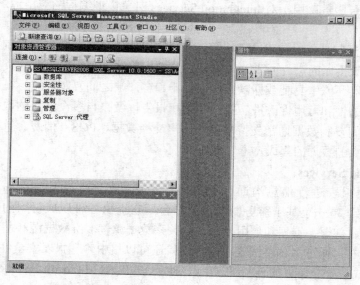

图 4-27　"SQL Server Management Studio"窗口

4.4.2　SQL Server Business Intelligence Development Studio

Business Intelligence Development Studio（商业智能开发平台）是用于开发包括 Analysis Services、Integration Services 和 Reporting Services 项目在内的商业解决方案的主要环境。每个项目类型都提供了用于创建商业智能解决方案所需对象的模板，并提供了用于处理这些对象的各种设计器、工具和向导，是包含特定于 SQL Server 2008 商业智能的附加项目类型的 Microsoft Visual Studio 2008。

从 Windows 中选择"开始"→"所有程序"→"Microsoft SQL Server 2008"→"SQL Server Business Intelligence Development Studio"，打开"SQL Server Business Intelligence Development Studio"窗口，如图 4-28 所示。

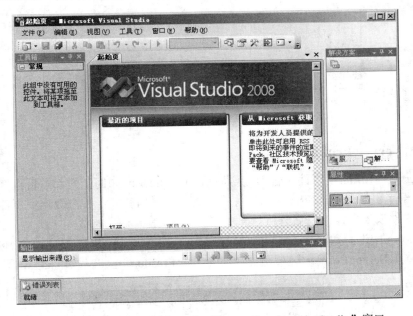

图 4-28　"SQL Server Business Intelligence Development Studio"窗口

SQL Server 管理控制器可用于开发和管理数据库对象，以及用于管理和配置现有 Analysis Services 对象，而商业智能开发平台可用于开发商业智能应用程序。如果要实现使用 SQL Server 数据库服务的解决方案，或者要管理使用 SQL Server、Analysis Services、Integration Services 或 Reporting Services 的现有解决方案，则应当应用 SQL Server 管理控制器；如果要开发使用 Analysis Services、Integration Services 或 Reporting Services 的方案，则应当使用商业智能开发平台。

4.4.3　SQL Server Configuration Manager

SQL Server Configuration Manager（SQL Server 配置管理器）用于管理与 SQL Server 相关联的服务，配置 SQL Server 使用的网络协议以及从 SQL Server 客户端计算机管理网络连接配置。它集成了以前版本中的服务器网络实用工具、客户端网络实用工具和服务器管理器的功能。

从 Windows 中选择"开始"→"所有程序"→"Microsoft SQL Server 2008"→"配置工具"→"SQL Server 配置管理器",打开"SQL Server 配置管理器"窗口,如图 4-29 所示。

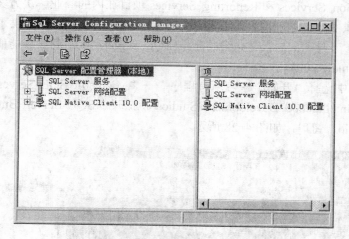

图 4-29 "SQL Server 配置管理器"窗口

4.4.4 SQL Server Profiler

SQL Server Profiler(事件探查器)可显示 SQL Server 如何在内部解析查询,用来监视 Microsoft 数据库引擎或 Analysis Services 的实例。可以捕获关于每个数据库事件的数据,并将其保存到文件或表中,供以后分析。

从 Windows 中选择"开始"→"所有程序"→"Microsoft SQL Server 2008"→"性能工具"→"SQL Server Profiler",打开"SQL Server Profiler"窗口,如图 4-30 所示。

图 4-30 "SQL Server Profiler"窗口

4.4.5 数据库引擎优化顾问

数据库引擎优化顾问是一个性能优化工具,所有的优化操作都可以由该顾问来完成。用户在指定要优化的数据库后,优化顾问将对该数据库数据访问情况进行评估,以找出可能导致性能低下的原因,并给出优化性能的建议。

从 Windows 中选择"开始"→"所有程序"→"Microsoft SQL Server 2008"→"性能

工具"→"数据库引擎优化顾问",打开"数据库引擎优化顾问"窗口,如图4-31所示。

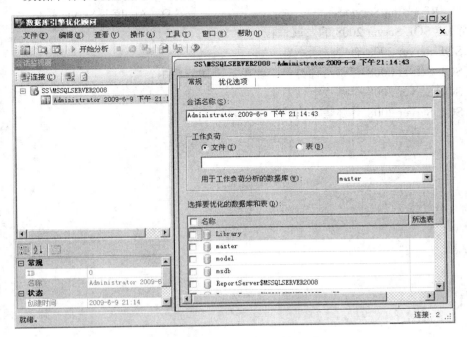

图 4-31 "数据库引擎优化顾问"窗口

4.5 实训

1. 实训目的

掌握 SQL Server 2008 各种管理工具的启动方式。

2. 实训内容

1)安装 SQL Server 2008。

2)启动 SQL Server Management Studio。

3)启动 SQL Server Business Intelligence Development Studio。

4)启动 SQL Server Configuration Manager。

5)启动 SQL Server Profiler。

6)启动数据库引擎优化顾问。

7)在 SQL Server 2008 中配置服务器。

4.6 习题

1. SQL Server 2008 使用管理工具_____来启动/停止与监控服务、服务器端支持的网络协议,用户用来访问 SQL Server 网络相关设置等工作。

2. 借助 Microsoft SQL Server 2008 系统中的（　　　），用户不必精通数据库结构或 Microsoft SQL Server 的精髓即可选择和创建索引、索引视图和分区的最佳集合。

A. 数据库引擎优化顾问   B. SQL Server Profiler

C. Reporting Services   D. Analysis Services

3. 简述 SQL Server 2008 的发展过程。

4. SQL Server 2008 有哪些版本？

5. SQL Server 2008 有哪两种身份验证模式，如何应用？

6. SQL Server 2008 有哪些组件？

7. SQL Server 2008 有哪些常用的管理工具？

第 5 章 创建与使用数据库

在 SQL Server 2008 中，数据库是存放数据及其相关对象（如表、视图、索引、存储过程和触发器等）的容器，以便随时对其进行访问和管理。在设计一个应用程序时，必须先设计数据库。SQL Server 2008 能够支持多个数据库，每个数据库可以存储来自其他数据库的相关或不相关数据。本章主要介绍 SQL Server 2008 的数据库相关基础知识及其创建和管理。

5.1 SQL Server 2008 中的数据库基础知识

5.1.1 数据库常用对象

在 SQL Server 2008 中，数据库中的表、视图、存储过程和索引等具体存储数据或对数据进行操作的实体都被称为数据库对象。下面介绍几种常用的数据库对象。

1．表

表（也称为数据表）是包含数据库中所有数据的数据库对象，它由行和列组成，用于组织和存储数据，每一行称为一条记录。

2．字段

表中每列称为一个字段，字段具有自己的属性，如字段类型、字段大小等。其中，字段类型是字段最重要的属性，它决定了字段能够存储哪种数据。

3．索引

索引是一个单独的数据结构，它是依赖于表建立的，不能脱离关联表而单独存在。在数据库中索引使数据库应用程序无须对整个表进行扫描，就可以在其中找到所需的数据，从而可以加快查找数据的速度。

4．视图

视图是从一个或多个表中导出的表（也称虚拟表），是用户查看数据表中数据的一种方式。视图的结构和数据建立在对表的查询基础之上。在数据库中并不存放视图的数据，只存放其查询定义，在打开视图时，需要执行其查询定义产生相应的数据。

5．存储过程

存储过程是一组为了完成特定功能的 SQL 语句集合（包含查询、插入、删除和更新等操作），经编译后以名称的形式存储在 SQL Server 服务器端的数据库中，由用户通过指定存储过程的名称来执行。当这个存储过程被调用执行时，其包含的操作也会同时执行。

6．触发器

触发器是一种特殊类型的存储过程，它能够在某个规定的事件发生时触发执行。触发器通常可以强制执行一定的业务规则，以保持数据完整性、检查数据的有效性，同时实现数据库的管理任务和一些附加的功能。

5.1.2 文件和文件组

SQL Server 2008 数据库主要由文件和文件组组成。数据库中的所有数据和对象都被存储在文件中，SQL Server 将数据库映射为一组操作系统文件。数据和日志信息绝不会混合在同一个文件中，而且一个文件只由一个数据库使用。文件组是命名的文件集合，用于帮助数据布局和管理任务，例如备份和还原操作。

1．数据库文件

SQL Server 数据库具有以下 3 种类型的文件。

（1）主数据文件

主数据文件是数据库的起点，指向数据库中的其他文件。每个数据库都有一个主数据文件，主数据文件的推荐文件扩展名是.MDF。例如，销售管理系统的主数据文件名为 Sales_data.MDF。

（2）次要数据文件

除主数据文件以外的所有其他数据文件都是次要数据文件。某些数据库可能不含有任何次要数据文件，而有些数据库则含有多个次要数据文件。次要数据文件的推荐文件扩展名是.NDF。

（3）日志文件

日志文件包含着用于恢复数据库的所有日志信息。每个数据库必须至少有一个日志文件，也可以有多个。日志文件的推荐文件扩展名是.LDF，如销售管理系统的日志文件名为 Sales_log.LDF。

SQL Server 不强制使用.MDF、.NDF 和.LDF 文件扩展名，但使用它们有助于标识文件的各种类型和用途。

2．文件组

为便于分配和管理，可以将数据库对象和文件一起分成文件组。SQL Server 数据库包括以下两种类型的文件组。

（1）主文件组

主文件组包含主数据文件和任何没有明确分配给其他文件组的其他文件。系统表都分配在主文件组中。

（2）用户定义文件组

用户定义文件组是通过在 CREATE DATABASE 或 ALTER DATABASE 语句中使用 FILEGROUP 关键字指定的任何文件组。

每个数据库中均有一个文件组被指定为默认文件组。如果创建表或索引时未指定文件组，则将所有表或索引都从默认文件组分配。一次只能有一个文件组作为默认文件组。如果没有指定默认文件组，则将主文件组作为默认文件组。

对文件进行分组时，一定要遵循文件和文件组的设计规则：

- 文件只能是一个文件组的成员；
- 文件或文件组不能由一个以上的数据库使用；
- 数据和事务日志信息不能属于同一文件或文件组；

● 日志文件不能作为文件组的一部分，日志空间与数据空间分开管理。

5.1.3 系统数据库

SQL Server 2008 的安装程序在安装时默认建立 5 个系统数据库（master、model、msdb、resource、tempdb），下面分别对其进行讨论。

1. master 数据库

master 数据库记录 SQL Server 系统的所有系统级信息，包括实例范围的元数据（例如登录账户）、端点、链接服务器和系统配置设置。此外，master 数据库还记录了所有其他数据库的存在、数据库文件的位置以及 SQL Server 的初始化信息。因此，如果 master 数据库不可用，则 SQL Server 无法启动。

在 SQL Server 2008 中，系统对象不再存储在 master 数据库中，而是存储在 resource 数据库中。

2. model 数据库

用作 SQL Server 实例上创建的所有数据库的模板。对 model 数据库进行的修改（如数据库大小、排序规则、恢复模式和其他数据库选项）将应用于以后创建的所有数据库。

3. msdb 数据库

msdb 数据库由 SQL Server 代理用于计划警报和作业，也可以由其他功能（如 Service Broker 和数据库邮件）使用。

4. resource 数据库

Resource 数据库为只读数据库，它包含了 SQL Server 中的所有系统对象，不包含用户数据或用户元数据。

物理文件名为 mssqlsystemresource.MDF，默认情况下，这些文件位于<驱动器>:\Program Files\Microsoft SQL Server\MSSQL10.<instance_name>\Binn\ 中。每个 SQL Server 实例都具有一个（也是唯一的一个）关联的 mssqlsystemresource.MDF 文件。

5. tempdb 数据库

tempdb 数据库是一个临时数据库，用于保存临时对象或中间结果集。

5.2 数据库的创建

本节主要介绍如何使用 SQL Server Management Studio 和 CREATE DATABASE 语句创建用户数据库。

5.2.1 使用 SQL Server Management Studio 创建用户数据库

在 SQL Server 2008 中，用户可以通过 SQL Server Management Studio 创建数据库，用于存储数据及其对象。

【例 5-1】 创建一个数据库 CompanySales。

解：其操作步骤如下。

1）选择"开始"→"所有程序"→"Microsoft SQL Server 2008"→"SQL Server Management Studio"，即可启动 SQL Server Management Studio，出现"连接到服务器"对话

框，如图 5-1 所示。

2）在"连接到服务器"对话框中，选择"服务器类型"为"数据库引擎"，"服务器名称"为"SS"，"身份验证"为"Windows 身份验证"，单击"连接"按钮，即连接到指定的服务器，如图 5-2 所示。

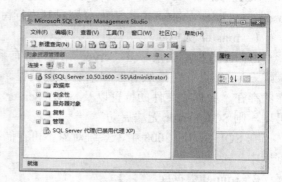

图 5-1 "连接到服务器"对话框   图 5-2 连接到 SS 服务器

3）在"对象资源管理器"中，右击"数据库"选项，在弹出的快捷菜单中选择"新建数据库"命令，如图 5-3 所示。

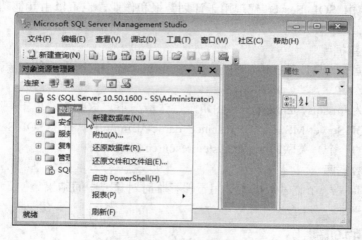

图 5-3 选择"新建数据库"命令

4）进入"新建数据库"对话框，如图 5-4 所示，其中包括"常规""选项"和"文件组" 3 个选项卡，通过这 3 个选项卡来设置新创建的数据库。

● "常规"选项卡。用于设置新建数据库的名称及所有者。

在"数据库名称"文本框中输入新建数据库的名称"CompanySales"，数据库名称设置完成后，系统自动在"数据库文件"列表中产生一个主数据文件（命名为 Sales_data.MDF，初始大小为 3MB）和一个日志文件（命名为 Sales_log.LDF，初始大小为 1MB），同时显示文件组、自动增长和路径等默认设置。用户可以根据需要自行修改这些默认的设置，也可以单击"添加"按钮添加数据文件。在这里将主数据文件和日志文件的存放路径改为"D:\CompanySales"文件夹，如图 5-5 和图 5-6 所示，其他保持默认值。

单击"所有者"文本框后的浏览按钮,在弹出的列表框中选择数据库的所有者。数据库所有者是对数据库具有完全操作权限的用户,这里选择"默认值"选项,表示数据库的所有者为用户登录 Windows 操作系统使用的管理员账号,如 Administrator。

图 5-4 "新建数据库"对话框

图 5-5 选择文件路径

图 5-6 "定位文件夹"对话框

注意： SQL Server 2008 数据库的数据文件分逻辑名称和物理名称。逻辑名称是在 SQL 语句中引用文件时所使用的名称，物理名称用于操作系统管理。

- "选项"选项卡用于设置数据库的排序规则及恢复模式等选项，这里均采用默认设置。
- "文件组"选项卡用于显示文件组的统计信息，这里均采用默认设置。

5）设置完成后单击"确定"按钮，数据库 CompanySales 创建完成。此时在 D:\CompanySales 文件夹中添加了 Sales_data.MDF 和 Sales_log.LDF 两个文件。

5.2.2 使用 CREATE DATABASE 语句创建用户数据库

1. T-SQL 语句的执行

在 SQL Server 中，用户可以使用 SQL Server Management Studio 交互式地执行 T-SQL 语句。

SQL Server Management Studio 执行 T-SQL 语句的操作步骤如下：

1）启动 SQL Server Management Studio。

2）在"对象资源管理器"中展开 SS 服务器节点。

3）展开"数据库"节点。

4）右击"Library"数据库，在弹出的快捷菜单中选择"新建查询"命令，如图 5-7 所示。出现一个查询命令编辑窗口，如图 5-8 所示，在其中输入相应的 T-SQL 语句，然后单

击工具栏中的  按钮或按〈F5〉键即可在下方的输出窗口中显示相应的执行结果。

图 5-7 选择"新建查询"命令

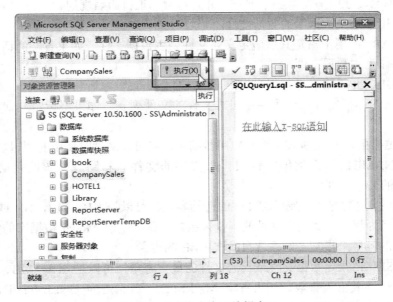

图 5-8 "查询命令"编辑窗口

2. 使用 CREATE DATABASE 语句创建数据库

CREATE DATABASE 命令的语法形式如下:

CREATE DATABASE 数据库名
[ON
    [PRIMARY]

```
        <数据文件描述符 1>
        [, <数据文件描述符 n>]
        [, FILEGROUP   文件组名 1
        <数据文件描述符>]
        [, FILEGROUP   文件组名 n
        <数据文件描述符>]
    ]
    [LOG   ON
        <日志文件描述符 1>
        [, <日志文件描述符 n>]
    ]
```

其中，<数据文件描述符>和<日志文件描述符>为以下属性的组合：

```
( NAME = 逻辑文件名,
FILENAME = '物理文件名'
[ ,SIZE = 文件初始容量 ]
[ ,MAXSIZE = {文件最大容量 |UNLIMITED} ]
[ ,FILEGROWTH = 文件增长幅度]   )
```

各参数的含义如下。

1）数据库名，在服务器中必须唯一，并且符合标识符命名规则。

2）ON：用于定义数据库的数据文件。

3）PRIMARY：用于指定其后所定义的文件为主数据文件，如果省略的话，系统将第一个定义的文件作为主数据文件。

4）FILEGROUP：用于指定用户自定义的文件组。

5）LOG ON：指定存储数据库中日志文件的文件列表，如果不指定，则由系统自动创建日志文件。

6）NAME：指定 SQL Server 系统应用数据文件或日志文件时使用的逻辑名。

7）FILENAME：指定数据文件或日志文件的文件名和路径，该路径必须指定 SQL Server 实例上的一个文件夹。

8）SIZE：指定数据文件或日志文件的初始容量，可以是 KB、MB、GB 或 TB，默认单位为 MB，其值为整数。如果主文件的容量未指定，则系统取 Model 数据库的主文件容量；如果其他文件的容量未指定，则系统自动取 1MB 的容量。

9）MAXSIZE：指定数据文件或日志文件的最大容量，可以是 KB、MB、GB 或 TB，默认单位为 MB，其值为整数。如果省略 MAXSIZE，或指定为 UNLIMITED，则数据文件或日志文件的容量可以不断增加，直到整个磁盘满为止。

10）FILEGROWTH：指定数据文件或日志文件的增长幅度，可以是 KB、MB、GB 或 TB 或百分比（%），默认是 MB。0 表示不增长，文件的 FILEGROWTH 设置不能超过 MAXSIZE，如果没有指定 MAXSIZE，则默认值为 10%。

【例 5-2】 建立一个名称为 Student 的数据库，不带参数。

解：其操作步骤如下。

1）在查询命令编辑窗口中输入程序：CREATE DATABASE Student，如图 5-9 所示。

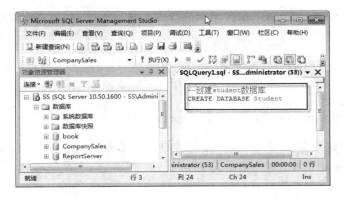

图 5-9　在查询窗口中新建数据库

2）在 SQL Server Management Studio 中单击 ![执行(X)] 按钮，系统提示"命令已成功完成"，表示已成功创建了 Student 数据库，如图 5-10 所示。

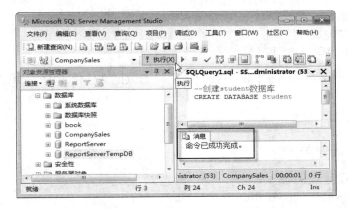

图 5-10　成功创建数据库 Student

3）在"对象资源管理器"中右击"数据库"选项，选择"刷新"命令，如图 5-11 所示，即可看到新建立的数据库 Student，如图 5-12 所示。

图 5-11　选择"刷新"命令

图 5-12　显示 Student 数据库

不带任何参数的数据库，所有设置都采用默认值。

【例 5-3】 创建数据库 TestDb1，指定数据库的数据文件位于 D:\TestDb 目录。

解：程序如下。

```
CREATE   DATABASE   TestDb1
ON
    ( NAME = TestDb1,
      FILENAME = 'D:\TestDb\TestDb1.MDF' )
```

【例 5-4】 创建数据库 TestDb2，指定数据库的数据文件位于 D:\TestDb，初始容量为 5 MB，最大容量为 10 MB，文件增量为 10%。

解：程序如下。

```
CREATE   DATABASE   TestDb2
ON
    ( NAME = TestDb2,
      FILENAME = 'D:\TestDb\TestDb2.MDF',
      SIZE = 5,
      MAXSIZE = 10,
      FILEGROWTH = 10% )
```

【例 5-5】 创建数据库 TestDB3，指定数据库的数据文件位于 D:\TestDb，包含 2 个数据文件和 2 个日志文件。

解：程序如下。

```
CREATE   DATABASE   TestDb3
ON
    ( NAME = TestDb31,
      FILENAME = 'D:\TestDb\TestDb31.MDF',
      SIZE = 10, MAXSIZE = 30, FILEGROWTH = 5% ),
    ( NAME = TestDb32,
      FILENAME = 'D:\TestDb\TestDb32.MDF',
SIZE = 10, MAXSIZE = 30, FILEGROWTH = 5% )
LOG ON
    ( NAME = TestDb3Log1,
      FILENAME = 'D:\TestDb\TestDb3Log1.LDF' ),
    ( NAME = TestDb3Log2,
      FILENAME = 'D:\TestDb\TestDb3Log2.LDF',
      SIZE = 5, MAXSIZE = 20, FILEGROWTH = 10% )
```

【例 5-6】 创建数据库 TestDb4，指定数据库的数据文件位于 D:\TestDb，包含 3 个数据文件和 1 个自定义文件组 FileDb4。

解：程序如下。

```
CREATE   DATABASE   TestDb4
ON
    ( NAME = TestDb41,
      FILENAME = 'D:\TestDb\TestDb41.MDF',
```

```
SIZE = 10, MAXSIZE = 30, FILEGROWTH = 5% ),
( NAME = TestDb42,
FILENAME = 'D:\TestDb\TestDb42.NDF',
SIZE = 10, MAXSIZE = 30, FILEGROWTH = 5% ),
FILEGROUP    FileDb4
(NAME=TestDb43,
FILENAME = 'D:\TestDB\TestDb43.NDF',
SIZE = 10, MAXSIZE = 30, FILEGROWTH = 5% )
```

运行程序后，查看 TestDb4 数据库的属性可看到，TestDb41.MDF 和 TestDb42.NDF 位于文件组 PRIMARY 中，TestDb43.NDF 位于自定义的文件组 FileDb4 中。

没有指定生成日志文件时，默认日志文件名和数据库保持一致。

5.3 查看数据库信息

用户可以通过 SQL Server Management Studio 和 T-SQL 语句两种方式查看数据库信息。

5.3.1 使用 SQL Server Management Studio 查看数据库信息

【例 5-7】 查看数据库 CompanySales 的信息。

解：其操作步骤如下。

1）打开"SQL Server Management Studio"窗口，在"对象资源管理器"中展开服务器，定位到要查看的数据库，如 CompanySales 数据库。

2）右击目标数据库，在弹出的快捷菜单中选择"属性"命令，如图 5-13 所示，会出现如图 5-14 所示的对话框。

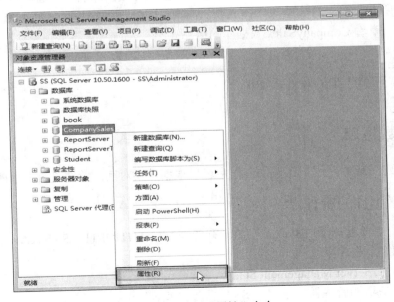

图 5-13 选择"属性"命令

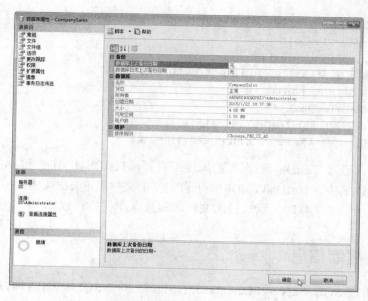

图 5-14 "数据库属性-CompanySales"对话框

3）在该对话框的"常规"选项卡里，可看到该数据库的基本信息。

4）单击"确定"按钮，关闭对话框.

5.3.2 使用 T-SQL 语句查看数据库信息

查看数据库信息的 T-SQL 语句的语法如下：

[EXEC] SP_HELPDB [[@dbname=] 'name']

其中，[@dbname=] 'name'用于指定要查看其信息的数据库名称，省略时，则显示 SQL Server 服务器所有数据库的信息。

【例5-8】 查看 CompanySales 数据库的信息。

解：程序如下。

EXEC SP_HELPDB CompanySales

5.4 修改数据库

数据库创建完成后，用户在使用过程中可以根据需要对其原始定义进行修改。

5.4.1 更改数据库的所有者

【例5-9】 更改数据库"Student"的所有者为 NT AUTHORITY\SYSTEM。

解：其操作步骤如下。

1）启动 SQL Server Management Studio。

2）在"对象资源管理器"中展开 SS 服务器节点。

3）展开"数据库"节点。

4）右击"Student"数据库，在弹出的快捷菜单中选择"属性"命令，进入"数据库属性- Student"对话框。

5）在"数据库属性- Student"对话框中单击"选择页"中的"文件"选项，进入文件设置页面，如图 5-15 所示；单击"所有者"文本框后的浏览按钮，出现"选择数据库所有者"对话框，如图 5-16 所示。

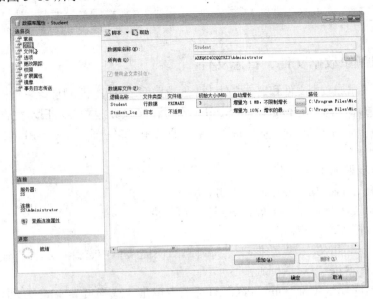

图 5-15　"数据库属性-Student"对话框

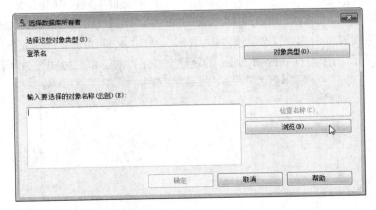

图 5-16　"选择数据库所有者"对话框 1

6）单击"浏览"按钮，出现"查找对象"对话框，如图 5-17 所示，选中 NT AUTHORITY\SYSTEM 选项，单击"确定"按钮。

7）返回到"选择数据库所有者"对话框，如图 5-18 所示，此时在下方的列表中出现 NT AUTHORITY\SYSTEM。

8）单击"确定"按钮返回。

图 5-17 "查找对象"对话框　　　　　　　　图 5-18 "选择数据库所有者"对话框 2

5.4.2　添加和删除数据文件、日志文件

用户可以通过添加数据文件和日志文件来扩展数据库，也可以通过删除它们来缩小数据库。

1．使用 SQL Server Management Studio 添加和删除数据文件、日志文件

【例 5-10】　添加 CompanySales 数据库的数据文件 Sales_dataBk.NDF、日志文件 Sales_logBk.LDF。

解：其操作步骤如下。

1）启动 SQL Server Management Studio。

2）在"对象资源管理器"中展开 SS 服务器节点。

3）展开"数据库"节点。

4）右击"CompanySales"数据库，在弹出的快捷菜单中选择"属性"命令，进入"数据库属性- CompanySales"对话框。

5）在"数据库属性-CompanySales"对话框中单击"选择页"中的"文件"选项，进入文件设置页面，通过该页面可以添加数据文件和日志文件。

6）现在增加数据文件。单击"添加"按钮，"数据库文件"列表中将出现一个新的"文件位置"。单击"逻辑名称"文本框，输出名称 Sales_dataBk，将默认路径改为 D:\ CompanySales，在"文件类型"下拉列表框中选择文件类型为"数据"，在"文件组"下拉列表框中选择"新文件组"，如图 5-19 所示，出现"CompanySales 的新建文件组"对话框，如图 5-20 所示。

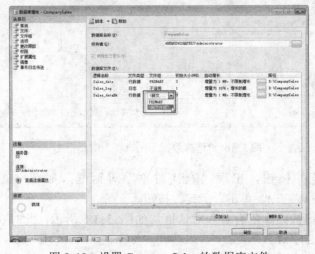

图 5-19　设置 CompanySales 的数据库文件

7）在"名称"文本框中输入文件组名称 Backup，单击"确定"按钮，返回"数据库属性"对话框；单击"初始大小"文本框，通过其后的微调按钮将其大小设置为 5，单击"自动增长"文本框中的按钮，出现如图 5-21 所示的"更改 Sales_dataBk 的自动增长设置"。

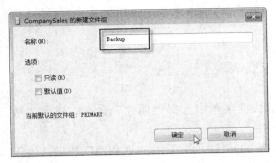 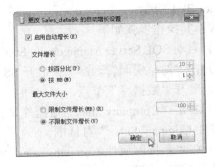

图 5-20 "CompanySales 的新建文件组"对话框   图 5-21 "更改 Sales_dataBk 的自动增长设置"对话框

8）在该对话框中选中"启动自动增长"复选框，在"文件增长"选项组中选择"按百分比"单选按钮，通过其后的微调按钮设置文件增长为 30%。

9）设置完成后单击"确定"按钮，返回"数据库属性"对话框。

10）现在添加日志文件。单击"添加"按钮，"数据库文件"列表中将出现一个新的"文件位置"。单击"逻辑名称"文本框，输入名称 Sales_logBk，将默认路径改为 D:\CompanySales，在"文件类型"下拉列表框中选择文件类型为"日志"，其他保持默认值，如图 5-22 所示。

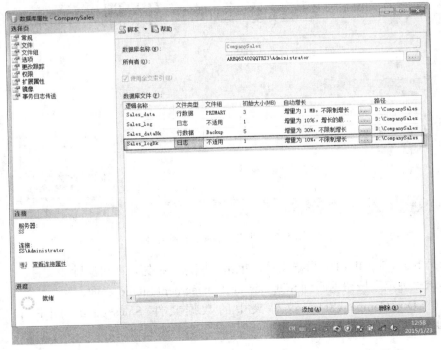

图 5-22 添加 CompanySales 数据库的日志文件 Sales_logBk 后的结果

这样在 D:\ CompanySales 文件夹中增加了数据文件 Sales_dataBk.NDF 和日志文件 Sales_logBk.LDF。

【例 5-11】 删除 CompanySales 数据库的数据文件 Sales_dataBk.NDF 和日志文件 Sales_logBk.LDF。

解：其操作步骤如下。

1）启动 SQL Server Management Studio。

2）在"对象资源管理器"中展开 SS 服务器节点。

3）展开"数据库"节点。

4）右击"CompanySales"数据库，在弹出的快捷菜单中选择"属性"命令，进入"数据库属性-CompanySales"对话框。

5）在"数据库属性-CompanySales"对话框中单击"选择页"中的"文件"选项，进入文件设置页面，如图 5-22 所示，从中可以删除数据文件和日志文件。

6）选择 Sales_dataBk.NDF 数据文件，单击"删除"按钮，如图 5-23 所示，即可删除该文件。

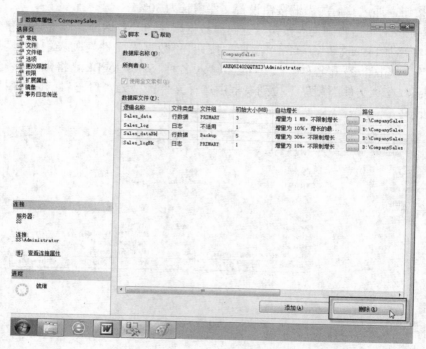

图 5-23　删除 Sales_dataBk 文件

7）选择 Sales_logBk.LDF 日志文件，单击"删除"按钮，即可删除该文件。

8）单击"确定"按钮返回到 SQL Server Management Studio 界面。

这样在 D:\ CompanySales 文件夹中的数据文件 Sales_dataBk.NDF 和日志文件 Sales_logBk.LDF 都被自动删除。

注意：添加文件是简单的操作，但删除文件相对比较复杂。删除数据文件和日志文件时，文件里不能含有数据或日志。

2. 使用 ALTER DATABASE 修改数据库

ALTER DATABASE 命令的语法如下：

```
        ALTER   DATABASE 数据库名
    {   ADD   FILE <数据文件描述符 1>
                        <, 数据文件描述符 n>
                [ TO   FILEGROUP 文件组名 | DEFAULT ]
        |  ADD   LOG   FILE <日志文件描述符 1>
                            <, 日志文件描述符 n>
        |  REMOVE   FILE 逻辑文件名
        |  MODIFY   FILE  <数据文件描述符>
        |  ADD   FILEGROUP 文件组名
        |  REMOVE   FILEGROUP 文件组名
        |  MODIFY   FILEGROUP 文件组名
        { NAME = 新文件组名
               | DEFAULT
               | <文件组属性>
           }
        |  MODIFY   NAME = 新数据库名
    }
```

其中，<数据文件描述符>和<日志文件描述符>为以下属性的组合：

```
    (   NAME = 逻辑文件名,
    [ , NEWNAME = 新逻辑文件名 ]
    [ , FILENAME = '物理文件名' ]
    [ , SIZE = 文件初始容量 ]
    [ , MAXSIZE = {文件最大容量 | UNLIMITED} ]
    [ , FILEGROWTH = 文件增长幅度 ]   )
```

其中，<文件组属性>可取值 READ（只读）、READWRITE（读写）和 DEFAULT（默认）；ADD 表示添加，REMOVE 表示删除，MODIFY 表示修改。

【例 5-12】 在数据库 TestDb1 中添加数据文件 TestDb11 和日志文件 TestDb11Log11。

解：程序如下。

```
ALTER   DATABASE   TestDb1
    ADD   FILE ( NAME = TestDb11, FILENAME = 'D:\TestDb\TestDb11.NDF' )
ALTER   DATABASE   TestDb1
    ADD   LOG   FILE ( NAME = TestDb11Log11,
                    FILENAME = 'D:\TestDb\TestDb11Log11.LDF' )
```

在添加数据文件时，如果不指定 TO FILEGROUP 文件组名，则添加的数据文件位于主文件组 PRIMARY 中。

【例 5-13】 在数据库 TestDb1 中，添加一个名为 FileDb1 的文件组。

解：程序如下。

```
ALTER   DATABASE   TestDb1
```

```
        ADD    FILEGROUP    FileDb1
```

【例 5-14】 在数据库 TestDb1 中添加两个数据文件 TestDb12 和 TestDb13 到文件组 FileDb1 中,并将该文件组设为默认文件组。

解:程序如下。

```
ALTER   DATABASE   TestDb1
    ADD    FILE ( NAME = TestDb12, FILENAME = 'D:\TestDb\TestDb12.NDF' ),
              ( NAME = TestDb13, FILENAME = 'D:\TestDb\TestDb13.NDF' )
        TO    FILEGROUP FileDb1
ALTER   DATABASE   TestDb1
    MODIFY   FILEGROUP  FileDb1   DEFAULT
```

【例 5-15】 将数据库 TestDb1 中数据文件 TestDb13 的文件名修改为 TestDb123。

解:程序如下。

```
ALTER   DATABASE   TestDb1
    MODIFY   FILE ( NAME = TestDb13, NEWNAME = TestDb123,
                FILENAME = 'D:\TestDb\ TestDb123.NDF' )
```

【例 5-16】 将数据库 TestDb1 中的数据文件 TestDb12 和日志文件 TestDb11Log11 删除。

解:程序如下。

```
ALTER   DATABASE   TestDb1
    REMOVE   FILE   TestDb12
ALTER   DATABASE   TestDb1
    REMOVE   FILE   TestDb11Log11
```

【例 5-17】 将数据库 TestDb1 中的文件组 FileDb1 删除。

解:程序如下。

```
ALTER   DATABASE   TestDb1
    MODIFY   FILEGROUP [ PRIMARY ]   DEFAULT
ALTER   DATABASE   TestDb1
    REMOVE   FILE   TestDb123
ALTER   DATABASE   TestDb1
    REMOVE   FILEGROUP   FileDb1
```

由于 FileDb1 是默认文件组,先将 PRIMARY 文件组设置为默认文件组。另外 FileDb1 中有文件 TestDb123,必须将 TestDb123 删除使文件组 FileDb1 为空,最后将 FileDb1 删除。

5.4.3 重命名数据库

1. 使用 SQL Server Management Studio 重命名数据库

在 SQL Server 中,用户可以更改数据库的名称。在重命名数据库之前,应该确保没有人使用该数据库。数据库名称可以包含任何符合标识符规则的字符。

【例 5-18】 将数据库 Student（已创建）重命名为 Stu。

解：其操作步骤如下。

1）启动 SQL Server Management Studio。

2）在"对象资源管理器"中展开 SS 服务器节点。

3）展开"数据库"节点。

4）右击"Student"数据库，在弹出的快捷菜单中选择"重命名"命令，如图 5-24 所示。

5）此时数据库名称是可编辑的，直接将其修改成 Stu 即可。

2. 使用 ALTER DATABASE 语句重命名数据库

【例 5-19】 将数据库 TestDb1 的名称改为 TestDb5。

解：程序如下。

```
ALTER   DATABASE   TestDb1
      MODIFY   NAME = TestDb5
```

图 5-24　选择"重命名"命令

5.5　删除数据库

若数据库不再需要，用户可以通过 SQL Server Management Studio 和 T-SQL 语句两种方式删除数据库。

5.5.1　使用 SQL Server Management Studio 删除用户数据库

当不再需要某一数据库，只要满足一定的条件即可将其删除，删除之后，相应的数据库文件及其数据都会被删除，并且不可恢复。

当数据库处于以下 3 种情形之一时不能被删除：

● 用户正在使用此数据库。

● 数据库正在被恢复还原。

● 数据库正在参与复制。

【例 5-20】 使用 SQL Server Management Studio 删除 Stu 数据库。

解：其操作步骤如下。

1）启动 SQL Server Management Studio。

2）在"对象资源管理器"中展开 SS 服务器节点。

3）展开"数据库"节点。

4）右击"Stu"数据库，在弹出的快捷菜单中选择"删除"命令，如图 5-25 所示。

图 5-25　选择"删除"命令

5）出现如图 5-26 所示的"删除对象"对话框，单击"确定"按钮即删除 Stu 数据库。在删除数据库的同时，SQL Server 会自动删除对应的数据文件和日志文件。

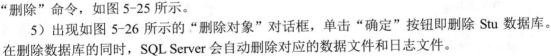

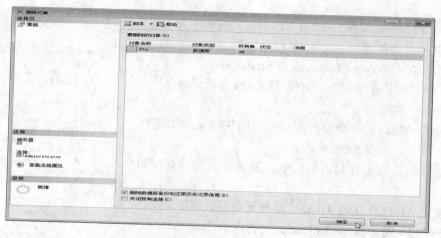

图 5-26 "删除对象" 对话框

5.5.2 使用 DROP DATABASE 语句删除用户数据库

DROP DATABASE 语句的语法如下：

> **DROP DATABASE** 数据库名 1 [, 数据库名 n]

【例 5-21】 删除数据库 TestDB1、TestDB2、TestDB3 和 TestDB4。
解：程序如下。

> DROP DATABASE TestDB2, TestDB3, TestDB4, TestDB5

5.6 实训——创建设备管理系统数据库

1. 实训目的

1）熟悉 SQL Server Management Studio 窗口。
2）掌握界面和 T-SQL 语句两种方式创建数据库的方法。
3）掌握界面和 T-SQL 语句两种方式管理数据库的方法。

2. 实训内容

1）启动 SQL Server Management Studio 窗口。
2）创建设备管理系统数据库：

● 数据库的名字是 Assets。
● 物理文件保存在 D:\Assets 文件夹下。
● 主数据文件，初始大小 5 MB，每次增长 10%，最大大小不受限制，文件名 assets_m.mdf。
● 辅助数据文件，初始大小 6 MB，每次增长 5 MB，最大大小 100 MB，文件名 assets_n.ndf。
● 日志文件，初始大小 3 MB，每次增长 15%，最大大小不受限制，文件名 assets_log.ldf。

3）修改数据库：

● 新建一个文件组"testgroup"。

● 在该文件组中添加 Assets 数据库的数据文件 AssetsBk.NDF。

● 新建一个日志文件 Assets_logBk.LDF。

4）删除 AssetsBk.NDF、Assets_logBk.LDF 两个文件。

5）打开一个新的查询页面。

6）使用 T-SQL 语句，实现实验内容中 2)、3)、4)的要求。

提示：先在 D 盘下创建好文件目录 Assets。

如果数据库 Assets 已经存在，需要先删除数据库再创建新的数据库。

创建好之后保留该数据库，以后章节中会在此数据库基础上继续应用。

5.7　习题

1．SQL Server 数据库的文件类型有_____、_____、_____。

2．SQL Server 的系统数据库有_____、_____、_____、_____、_____。

3．事务日志文件的作用是_____。

4．创建数据库的命令是_____。

5．修改数据库的命令是_____。

6．删除数据库的命令是_____。

7．查看数据库信息的命令是_____。

8．删除文件组前必须保证该文件组_____，若该文件组中有文件，则应该先_____。

9．在创建数据库时，系统会自动将（　　）系统数据库中所有用户定义的对象复制到新建的数据库中。

  A．master   B．msdb   C．model   D．tempdb

10．在 Microsoft SQL Server 2008 系统中，下面说法错误的是（　　）。

  A．一个数据库中至少有一个数据文件，但可以没有日志文件

  B．一个数据库中至少有一个数据文件和一个日志文件

  C．一个数据库中有多个数据文件

  D．一个数据库中可以有多个日志文件

11．数据库的逻辑成分称为数据库对象，以下（　　）不是数据库对象。

  A．表   B．视图   C．规范化   D．约束

12．一个数据库至多有（　　）个主数据文件。

  A．0   B．1   C．2   D．不限定

13．以下文件名后缀中表示主数据文件和辅助数据文件的是（　　）。

  A．MDF，LDF   B．DBF，NDF

  C．MDF，NDF   D．NDF，LDF

14. 下面命令动词中，与数据库级操作无关的是（　　）。

    A．DELETE　　　　B．ALTER　　　　　　C．DROP　　　　　　　D．CREATE

15. 删除数据库 student 的命令是（　　）。

    A．DELETE student　　　　　　　　　　B．DROP DATABASE student

    C．DROP student　　　　　　　　　　　D．DELETE DATABASE student

16. SQL Server 有哪些数据库对象？

17. SQL Server 有哪些系统数据库？

18. SQL Server 有几种文件类型？

19. 简述文件组的概念。

第6章　创建与使用数据表

在关系数据库中，每一个关系都体现为一张二维表，使用表来存储和操作数据的逻辑结构，表是数据库中最重要的数据对象。

6.1　数据类型

数据库存储的对象主要是数据，现实中存在着各种不同类型的数据，数据类型就是以数据的表现方式和存储方式来划分的数据种类。

SQL Server 的数据类型可以分为两类：基本数据类型和用户自定义数据类型。

6.1.1　基本数据类型

SQL Server 2008 支持整型、字符型、货币型和日期时间等多种基本数据类型。

1．二进制数据类型

SQL Server 用 binary、varbinary 和 image 共 3 种数据类型存储二进制数据，见表 6-1。

表 6-1　二进制数据类型

类型名称	取值范围及说明
binary(n)	固定长度的 n 个字节二进制数据，$1 \leq n \leq 8000$。存储大小为 n 个字节
varbinary(n|max)	n 个字节变长二进制数据，$1 \leq n \leq 8000$。存储大小为实际数据长度+2 个字节，max 指示最大存储大小为 $2^{31}-1$ 字节
image	用来存放可变长度数据介于 0 与 $2^{31}-1$ 字节的二进制数据，在 Microsoft SQL Server 的未来版本将删除该数据类型，请避免在新的开发工作中使用，并考虑修改当前使用这些数据类型的应用程序

2．整型数据类型

整型数据类型是最常用的数据类型之一。SQL Server 2008 支持的整数类型有 int、smallint、bigint 和 tinyint 共 4 种，见表 6-2。

表 6-2　整型数据类型

类型名称	取值范围及说明
int	$-2^{31} \sim 2^{31}-1$ 的整型数据（所有数字），存储大小为 4 个字节
smallint	$-2^{15}(-32768) \sim 2^{15}-1(32767)$的整型数据，存储大小为 2 个字节
bigint	$-2^{63} \sim 2^{63}-1$ 的整型数据（所有数字），存储大小为 8 个字节
tinyint	$0 \sim 255$ 的整型数据，存储大小为 1 个字节

3．浮点数据类型

浮点数据类型用于存储十进制小数，SQL Server 2008 支持的浮点数据类型分为 real、

float、decimal 和 numeric 共 4 种，见表 6-3。

表 6-3　浮点数据类型

类型名称	取值范围及说明
real	-3.40E + 38～3.40E + 38，存储大小为 4 个字节
float(n)	取决于 n 的值，n 为用于存储 float 数值尾数的尾数（用科学记数法表示），可以确定精度和存储大小。介于 1 和 53 之间的某个值，默认值为 53。n 介于 1 和 24 之间时存储大小为 4 个字节；n 介于 25 和 53 之间时存储大小为 8 个字节。范围是-1.79E + 308～-2.23E-308、0 以及 2.23E-308～1.79E+308
decimal(p,s)	固定精度和小数位数。使用最大精度时，有效值为-10^38 +1～10^38-1。精度选择不同，占 5 到 17 个字节
numeric(p,s)	在功能上等价于 decimal(p,s)

4．字符数据类型

字符数据类型是使用最多的数据类型，可以用它来存储各种字母、数字符号、特殊符号。SQL Server 2008 支持的字符数据类型有 char、varchar、text、nchar、nvarchar、ntext 共 6 种，前 3 种是非 unicode 字符数据，后 3 种是 unicode 字符数据，见表 6-4。

表 6-4　字符数据类型

类型名称	取值范围及说明
char(n)	固定长度，非 Unicode 字符数据，长度为 n 个字节。n 的取值范围为 1～8000，存储大小是 n 个字节
varchar(n|max)	可变长度，非 Unicode 字符数据。n 的取值范围为 1～8000。max 指示最大存储大小是 2^{31}-1 个字节。存储大小是输入数据的实际长度加 2 个字节。所输入数据的长度可以为 0 个字符
text	长度可变，非 Unicode 数据，最大长度为 2^{31}-1 个字符。微软建议，尽量避免使用 text 数据类型，应该使用 varchar(max)存储大文本数据
nchar(n)	n 个字符的固定长度的 Unicode 字符数据。n 值必须在 1～4000 之间（含）。存储大小为两倍 n 字节
varchar(n|max)	可变长度 Unicode 字符数据。n 值在 1～4000 之间（含）。max 指示最大存储大小为 2^{31}-1 字节。存储大小是所输入字符个数的两倍+2 字节。所输入数据的长度可以为 0 个字符
ntext	长度可变的 Unicode 数据，最大长度为 2^{30}-1 个字符。存储大小是所输入字符个数的两倍（以字节为单位）

5．逻辑数据类型

逻辑数据类型 bit 占用 1 个字节的存储空间，其值为 0 或 1。如果输入 0 或 1 以外的值，将被视为 1。bit 类型不能定义为 NULL。

6．日期和时间数据类型

日期和时间数据类型用于存储日期和时间的结合体，SQL Server 2008 支持的日期时间数据类型有 date、datetime、datetime2、datetimeoffset、smalldatetime、time 共 6 种，见表 6-5。

表 6-5　日期时间数据类型

类型名称	取值范围及说明
date	指定年、月、日的值，表示 0001 年 1 月 1 日～9999 年 12 月 31 日的日期
datetime	1753 年 1 月 1 日～9999 年 12 月 31 日的日期和时间，时间表示的精度达到毫秒，占用的存储空间大小为 8 个字节
datetime2(7)	0001 年 1 月 1 日～9999 年 12 月 31 日的日期和时间，默认的秒的小数部分精度为 100ns。占用的存储空间大小为 6～8 个字节
datetimeoffset	用于定义一个与采用 24 小时制并可识别时区的一日内时间相组合的日期。0001 年 1 月 1 日～9999 年 12 月 31 日的日期和时间范围，默认值为 10 个字节的固定大小，默认的秒的小数部分精度为 100 ns
smalldatetime	1900 年 1 月 1 日～2079 年 6 月 6 日的日期和时间，时间表示精确到分钟，占用的存储空间为 4 个字节
time	指定时、分、秒的值

7．货币数据类型

货币数据类型用于存储货币值，在使用货币数据类型时，应在数据前加上货币符号。SQL Server 2008 支持 money 和 smallmoney 两种，如图 6-6 所示。

表 6-6　货币数据类型

类型名称	取值范围及说明
money	$(-2)^{63}\sim2^{63}-1$，占 8 个字节，精确到万分之一
smallmoney	类似于 money 数据类型，其取值范围为-214,748.3648～214,748.3647，占 4 个字节

8．其他数据类型

SQL Server 2008 中包含了一些用于数据存储的特殊数据类型，见表 6-7。

表 6-7　其他数据类型

类型名称	取值范围及说明
geography	SQL Server 2008 支持用于存储空间数据的数据类型。这些类型支持用来创建、比较、分析和检索空间数据的方法和属性
geometry	平面空间数据类型 geometry 是作为 SQL Server 中的.NET 公共语言运行时(CLR)数据类型实现的。此类型表示欧几里得（平面）坐标系中的数据
hierarchyid	hierarchyid 数据类型是一种长度可变的系统数据类型。可使用 hierarchyid 表示层次结构中的位置。类型为 hierarchyid 的列不会自动表示树。由应用程序来生成和分配 hierarchyid 值，使行与行之间的所需关系反映在这些值中。hierarchyid 数据类型的值表示树层次结构中的位置
sql_variant	用于存储 SQL Serve 支持的各种数据类型（不包括 text、ntext、image、timestamp 和 sql_variant）的值
timestamp	返回当前数据库的当前 timestamp 数据类型的值。这一时间戳值在数据库中必须是唯一的
uniqueidentifier	创建 uniqueidentifier 类型的唯一值
xml	使用 xml 数据类型，可以将 XML 文档和片段存储在 SQL Server 数据库中。XML 片段是缺少单个顶级元素的 XML 实例。用户可以创建 xml 类型的列和变量，并在其中存储 XML 实例

6.1.2　用户定义数据类型

用户定义数据类型是在基本数据类型的基础上根据实际需要由用户自己定义的数据类型，并不是创建一种新的数据类型，是在系统基本数据类型的基础上增加一些限制约束，如将是否允许为空、约束规则及默认值对象等绑定在一起。

下面通过实例来介绍在 Management Studio 中建立用户定义数据类型。

1）启动 Management Studio，在"对象资源管理器"面板中的"数据库"中选择"CompanySales"数据库，依次选择"可编程性"→"类型"，右击"用户定义数据类型"，在打开的快捷菜单中选择"新建用户定义数据类型"，如图 6-1 所示。

2）如图 6-2 所示，打开"新建用户定义数据类型"对话框后，在"常规"选项卡下的"名称"输入用户定义数据类型名"telephone"，在"数据类型"下拉列表中选择字符类型 char，在"长度"文本框中输入 11，选中"允许 NULL 值"复选框表示允许输入空值，选择绑定的默认值对象和规则对象。完成以上设置后，就创建了名为 telephone 的电话自定义数据类型，是 9 位的字符数据。

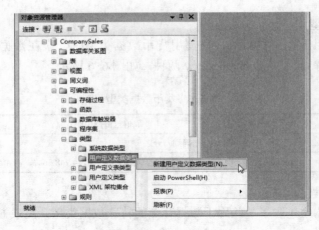

图 6-1　菜单选择

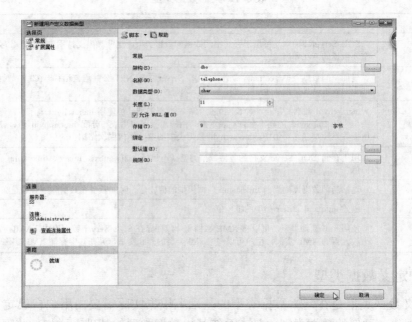

图 6-2　"新建用户定义数据类型"对话框

用户创建了自定义数据类型后，使用方法与基本数据类型使用一样。

6.2　创建数据表

前面章节介绍了数据库的创建，并且创建了"CompanySales"数据库，现在介绍一下如何创建数据表。

6.2.1　数据表的概念及内容

数据表是数据库中最重要的对象，是相关联的行列数据的集合，整个数据库中的数据都是物理存储在各个数据表中的。数据表的主要内容包括：

1）表的名字，每个表都必须有一个名字。表名必须遵循 SQL Server 2008 的命名规则，且最好能够使表名准确表达表格的内容。

2）表中各列的名字和数据类型，包括基本数据类型及自定义数据类型。

3）表的主码和外码信息。

4）表中哪些列允许为空。

5）表中哪些列需要索引。

6）表中哪些列需要绑定约束对象、默认值对象或规则对象。

6.2.2 使用 SQL Server Management Studio 工具创建数据表

表必须创建在某一个数据库中，不能独立存在。在创建表时，需要使用不同的数据库对象。下面使用 SQL Server Management Studio 创建数据表，在"CompanySales"数据库中创建"Department"表和"Employee"表。

"Department"表用来存放员工所在部门的信息，包括部门号、部门名称、经理、部门描述等属性。

"Employee"表用来存放员工的信息，包括员工号、员工姓名、性别、生日、入职时间、工资、部门号等属性。

"Department"表中的各个字段见表 6-8。

表 6-8　Department 表

字段名	数据类型	长　度	说　　明	是否允许为空
DepartmentID	int		PK，部门号	否
DepartmentName	varchar	30	部门名称	是
Manager	char	8	经理	是
Depart_Description	varchar	50	部门描述	是

"Employee"表中的各个字段见表 6-9。

表 6-9　Employee 表

字段名	数据类型	长　度	说　　明	是否允许为空
EmployeeID	int		PK，员工号	否
EmployeeName	varchar	50	UQ（unique），唯一约束（值不重复），员工姓名	是
Sex	char	2	CK，只能输入"男"或者"女"，性别	是
BirthDate	smalldatetime		生日	是
HireDate	smalldatetime		DF，默认系统当前时间，入职时间	是
Salary	money		工资	是
DepartmentID	int		FK，参照 Department 表 DepartmentID 字段，部门号	是

下面来创建"Department"表和"Employee"表，具体步骤如下：

1）启动 Microsoft SQL Server Management Studio，在左侧"对象资源管理器"窗口中依次展开"数据库"及其节点下的"CompanySales"数据库，右击其下的"表"选项，选择"新建表"命令，如图 6-3 所示。

2）打开表设计窗口后，在第一列"列名"字段中输入"DepartmentID"，在"数据类型"中选择"int"数据类型，该字段不允许为空，故将"允许 Null 值"字段复选框修改为不被选中状态。这里需要将"DepartmentID"列设为主键，将鼠标放在列"DepartmentID"上，单击鼠标右键，选择"设置主键"命令即可，也可以在菜单项"表设计器"中选择，如图 6-4 所示。如果要设置几个列的组合作为主键，可以在选择列的时候按下〈Ctrl〉键不放单击多列。

图 6-3　选择"新建表"选项　　　　　　　　　　　　　　　　图 6-4　设置主键

3）接下来将"Department"表中的其他字段按照相同的步骤设置。在某些表中，为了方便，可以设置某些字段自动编号，当输入记录时，不必给自动编号的字段赋值，系统会自动给该字段排号。但是必须要保证设置自动编号的字段的数据类型为整数。设置方法：先选中要设置自动编号的字段；然后在"表设计器"下方展开"标识规范"项，设置"是标识"为"是"；最后根据具体情况设置"标识增量"和"标识种子"，如图 6-5 所示。

4）全部字段输入结束后，选择"文件"菜单下的"保存"命令，或者单击"保存"按钮⧉，在弹出的文本框中输入表名"Department"，单击"确定"按钮即完成表的创建，如图 6-6 所示。

5）利用同样的方法可以创建"Employee"表，创建完毕的"Employee"表如图 6-7 所示。

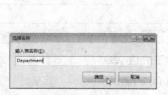
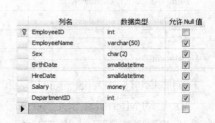

图 6-5　设置自动编号　　　　图 6-6　选择"表名"文本框　　　　图 6-7　"Employee"表

6.2.3 使用 T-SQL 创建数据表

使用 T-SQL 创建表的语法如下：

```
CREATE TABLE  [ database_name . [ schema_name ] . | schema_name . ] table_name
  (
  { < column_definition > | < computed_column_definition >}
  [ < table_constraint >][,…n ]
  )
    [ on { partition_scheme_name ( partition_column_name ) | filegroup | "default"}]
    [ TEXTIMAGE_ON{ filegroup | "default"}]
```

其中，<column_definition>包括：

```
column_name <data_type>
[ FILESTREAM ]
[ COLLATE collation_name ]
[ NULL | NOT NULL ]
[
    [ CONSTRAINT constraint_name ] DEFAULT constant_expression ]
    | [ IDENTITY [ ( seed ,increment ) ] [ NOT FOR REPLICATION ]
]
[ ROWGUIDCOL ] [ <column_constraint> [ ...n ] ]
```

上述语句中参数说明见表 6-10。

表 6-10 CREATE TABLE 语句参数

参　　数	说　　明
database_name	在其中创建表的数据库的名称。database_name 必须指定现有数据库的名称，如果未指定，则 database_name 默认为当前数据库
schema_name	新表所属架构的名称
table_name	新表的名称，表名必须遵循<标识符>规则
column_name	表中列的名称。列名必须遵循<标识符>规则并且在表中是唯一的。column_name 最多可包含 128 个字符。对于使用 timestamp 数据类型创建的列，可以省略 column_name。如果未指定 column_name，则 timestamp 列的名称默认为 timestamp
data_type	指定字段的数据类型，可以是系统数据类型或者用户定义数据类型
on { <partition_scheme>	filegroup	"default" }	指定存储表的分区架构或文件组。如果指定了<partition_scheme>，则该表将成为已分区表，其分区存储在<partition_scheme>所指定的一个或多个文件组的集合中；如果指定了 filegroup，则该表将存储在命名的文件组中；数据库中必须存在该文件组；如果指定了 default，或者根本未指定 ON，则表存储在默认文件组中
TEXTIMAGE_ON { filegroup	"default" }	指示 text、ntext、image、xml、varchar(max)、nvarchar(max)、varbinary(max)和 CLR 用户定义类型的列存储在指定文件组的关键字
FILESTREAM	仅对 varbinary(max)列有效。要为 varbinary(max) BLOB 数据指定 FILESTREAM 存储
COLLATE collation_name	指定列的排序规则。排序规则名称可以是 Windows 排序规则名称或 SQL 排序规则名称。collation_name 只适用于 char、varchar、text、nchar、nvarchar 和 ntext 等数据类型列。如果没有指定该参数，则该列的排序规则是用户定义数据类型的排序规则（如果列为用户定义数据类型）或数据库的默认排序规则
NULL	NOT NULL	确定列中是否允许使用空值。严格来讲，NULL 不是约束，但可以像指定 NOT NULL 那样指定它
CONSTRAINT	可选关键字，表示 PRIMARY KEY、NOT NULL、UNIQUE、FOREIGN KEY 或 CHECK 约束定义的开始

参　数	说　明
constraint_name	约束的名称。约束名称必须在表所属的架构中唯一
IDENTITY	指示新列是标识列。在表中添加新行时，数据库引擎将为该列提供一个唯一的增量值
Seed	定义标识字段的起始值，是装入表的第一个记录所使用的值
Increment	定义标识增量，标识增量是指该字段值相对前一条记录标识字段的增量值
column_constraint	定义与字段相关的约束，如 NULL、NOT NULL 和 PRIMARY 等于约束有关的内容

【例 6-1】　使用 CREATE TABLE 语句创建 "Product" 表，"Product" 表用来存放产品的各种信息，包括产品号、产品名称、价格、库存数量、销售数量等属性，见表 6-11。

表 6-11　Product 表

字　段　名	数据类型	长　度	说　明	是否允许为空
ProductID	Int		PK，产品号	否
ProductName	Varchar	50	产品名称	否
Price	Decimal	18,2	价格	是
ProductStockNumber	Int		库存数量	是
ProductSellNumber	Int		销售数量	是

```
USE CompanySales
CREATE TABLE Product
(   ProductID int NOT NULL PRIMARY KEY,
    ProductName varchar(50) NOT NULL,
    Price decimal(18, 2) NULL,
    ProductStockNumber int NULL,
    ProductSellNumber int NULL
)
```

在上述语句中，使用 primary key 指定了字段 "ProductID" 为主键，且不为空。定义的各个列之间要用 "," 间隔。

创建完毕的结果如图 6-8 所示。

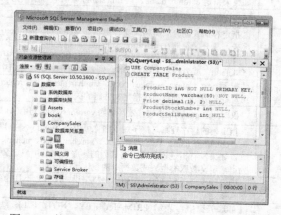

图 6-8　使用 CREATE TABLE 创建 "Product" 表

6.3 修改表结构

已经建立的表格，如果不符合要求，可以进行修改。SQL Server 2008 提供两种修改数据表的方法：使用 SQL Server Management Studio 修改表和使用 Transact-SQL 语句修改表。

6.3.1 使用 SQL Server Management Studio 修改数据表结构

修改数据表结构包括修改某列的数据类型、列宽度，添加和删除某列，修改列的约束等。下面以修改"Employee"表为例介绍使用 SQL Server Management Studio 修改表的具体步骤。

【例 6-2】 在"Employee"表中，作如下修改："EmployeeID"字段设置主键约束；"DepartmentID"字段设置外键，参照"Department"表的"DepartmentID"字段；"HireDate"字段设置默认值。

1）打开"SQL Server Management Studio"窗口，在左边的"对象资源管理器"中打开"CompanySales"数据库，右击要修改的表"Employee"，在弹出的快捷菜单中选择"设计"命令，打开表的设计器，如图 6-9 所示。

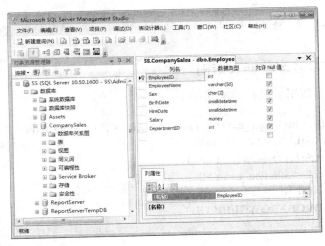

图 6-9　修改"Employee"表

2）在打开的设计界面中按自己的要求修改表结构。用户可以直接修改列名、列属性、默认值和规范等，也可以用鼠标右键单击列，通过选择快捷菜单中的选项，对表进行主键设置、插入列、删除列、设置外键关系、索引、唯一约束和 CHECK 约束设置等修改，也可以用鼠标拖动改变列的次序。

3）设置外键约束的步骤如下：

① 右击"DepartmentID"字段，在弹出的快捷菜单中选择"关系"命令，在"外键关系"界面中选择"添加"，在右侧"标识"选项中的名称是该外键约束的默认名称，可在此处输入自己的约束名。

② 单击"表和列规范"前的"+"，选择右侧的，在打开的对话框中，在"外键表"

下面的列表中选择要创建外键约束的字段；在"主键表"的下拉列表中选择该外键所引用的父表，并在下面的列表框中选择该外键所要引用的字段。需要注意的是：外键所要引用的列必须是父表中已经设置了主键约束或唯一约束的列，如图 6-10 所示。

4）用鼠标选中要设置默认值的字段"HireDate"，在"列属性"集中选择"常规"，在其下方的"默认值或绑定"中输入。默认值可以是常量、内置函数或数学表达式。这里用系统时间的内置函数"getdate()"，如图 6-11 所示。

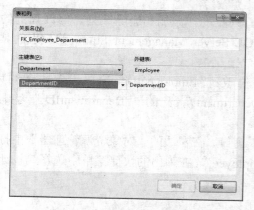

图 6-10 设置外键约束

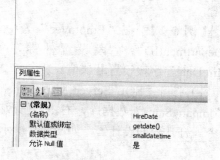

图 6-11 设置默认值

6.3.2 使用 T-SQL 修改数据表结构

使用 T-SQL 修改数据表结构的语法如下：

```
ALTER TABLE [database_name . [ schema_name ] . | schema_name. ] table_name
{ [ ALTER COLUMN column_name                        ----修改列定义
{ new_data_type [ (precision [, scale ] ) ]
    [ COLLATE < collation_name > ]
    [ NULL | NOT NULL ]
    | { ADD | DROP } ROWGUIDCOL }
]
 | ADD                                              ----添加列
{ [ < column_definition >]
    | column_name AS computed_column_expression
} [ , . . . n ]
 | [ WITH CHECK | WITH NOCHECK ] ADD                ----添加约束
{ < table_constraint > } [ ,…n ]
| DROP
{ [ CONSTRAINT ] constraint_name
| COLUMN column } [ ,…n ]                            ----删除约束
                                                    ----删除列
 | { CHECK | NOCHECK } CONSTRAINT                   ----启用或禁用约束
{ ALL | constraint_name } [ ,…n ]
 | { ENABLE | DISABLE } TRIGGER                     ----启用或禁用触发器
    { ALL | trigger_name [ ,…n ] }
}
```

下面通过具体示例说明该命令的使用方法。

【例 6-3】 在"Employee"表中，将"BirthDate"字段的数据类型改为 date，且不允许为空；将"HireDate"字段数据类型修改为 date。

1）单击"SQL Server Management Studio"工具条上的 ![新建查询(N)] 按钮，打开一个新的查询标签页。在工具条上的"可用数据库"下拉列表中选择"CompanySales"。在查询页中输入 ALTER TABLE 语句，如图 6-12 所示。

```
ALTER TABLE Employee
ALTER COLUMN BirthDate date not null
GO
```

图 6-12   修改"BirthDate"字段的 ALTER TABLE 语句

2）在工具条上单击 ![执行(X)] 按钮，执行"alter table"命令，在标签页下面的"消息"标签页中现实执行结果。

3）修改表结构时，一次只能完成一项修改。按照以上同样的步骤，完成修改"HireDate"字段的操作。

【例 6-4】 在"Employee"表中，为"Salary"字段添加一个检查约束，所输入的工资必须大于等于 1600。

在查询标签页中输入以下命令，并运行即可：

```
USE CompanySales
ALTER TABLE Employee WITH NOCHECK
     ADD CONSTRAINT U_check CHECK ( Salary>=1600 )
GO
```

【例 6-5】 在"Employee"表中添加一个字段"Address"表示员工的住址，varchar(30)。随后再删除掉。

在查询标签页中输入以下命令，并运行即可：

```
ALTER TABLE Employee
     ADD Address varchar(30) null
GO
ALTER TABLE Employee
     DROP COLUMN Address
```

此处需要注意的是：当使用 alter table 添加列时，如果要求该列不为空，则必须要指定一个默认值，否则不能添加成功。

【例 6-6】 在表"Employee"中添加一个禁用，用于限制在【例 6-4】中创建的约束。NOCHECK CONSTRAINT 与 ALTER TABLE 一起使用，以禁用该约束并使正常情况下会引起约束违规的插入操作得以执行。CHECK CONSTRAINT 重新启用该约束。

在查询标签页中输入以下命令，并运行即可：

```
ALTER TABLE Employee
NOCHECK CONSTRAINT U_check
```

6.4 数据表中插入、修改与删除数据

创建好数据表的结构之后，表中并没有纪录。本节介绍在建立好的表中如何插入、修改和删除数据。

6.4.1 向数据表中插入数据

1. 使用 SQL Server Management Studio 向数据表中插入数据

下面首先介绍使用 SQL Server Management Studio 向数据表中插入数据的方法。

1）启动 SQL Server Management Studio 工具，在"对象资源管理器"中依次展开"数据库"→"表"选项，然后右击要添加数据的表，在弹出的快捷菜单中选择"编辑前 200 行"菜单项，如图 6-13 所示。

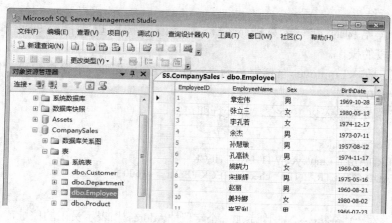

图 6-13　插入数据

2）直接在表数据窗口中进行数据的添加。注意，在表中进行数据的编辑时，一定要遵守定义表结构时的数据类型、是否为空等各种约束，否则无法录入数据。输入结束后，可以直接关闭数据表，系统会自动保存所有符合要求的数据。

2. 使用 Transact-SQL 语言向数据表中插入数据

SQL Server 支持多种向数据表中插入数据的方法，最常用的是使用 INSERT 语句和 INSERT... SELECT 语句。

（1）使用 INSERT 语句

基本语法如下：

```
INSERT
    [ INTO ] table_or_view_name [ ( column_list) ]
    VALUES expression_list
```

其中，

table_or_view_name：要插入数据的表或视图名字。

column_list：由逗号分隔的列名列表，用来指定为其提供数据的列。如果没有指定，表

示向表或视图中的所有列都输入数据。

expression_list：要插入的数据值的列表。值被指定为逗号分隔的表达式列表，表达式的个数、数据类型、精度必须与 column_list 列表对应的列一致。

使用 INSERT 语句每次只能向数据表中输入一条记录。

【例 6-7】 向产品表中添加一行新记录(34,'酸奶',20,100,50)。

```
INSERT Product
    VALUES (34,'酸奶',20,100,50)
GO
```

如果没有指定列表，则 VALUES 子句中指定值得顺序必须与表中列的顺序一致。采用默认值的记录字段，在值列表中要用"default"表示。

（2）使用 INSERT…SELECT 语句

基本语法：

```
INSERT [INTO] table_or_view_name [ ( column_list) ]
    SELECT ( select_list )
    FROM table_name
    WHERE search_conditions
```

INSERT 语句中的 SELECT 子查询可用于将一个或多个其他表的值添加到表中，并可以一次性插入多行。子查询的 select_list 必须与 INSERT 的 column_list 相匹配。

【例 6-8】 将所有销售部门的员工记录插入到一个销售员工表中（假设销售员工表 Employee_saledep 已经存在，且结构与"Employee"表相同）。

```
USE CompanySales
INSERT
INTO Employee_saledep(EmployeeID, EmployeeName, Sex,BirthDate,HireDate,Salary,DepartmentID)
    SELECT EmployeeID, EmployeeName, Sex,BirthDate,HireDate,Salary,DepartmentID
    FROM Employee
    WHERE DepartmentID=1
GO
```

"CompanySales"数据库中所有表的示例数据（部分）如图 6-14～图 6-20 所示。

CustomerID	CompanyName	ContactName	Phone	Address	EmailAddress
1	三川实业有限…	刘明	030-88355547	上海市大崇明…	guy1@163.com
2	远东科技有限…	王丽丽	030-88355547	大连市沙河区…	kevin0@163.com
3	坦森行贸易有…	王炫皓	0321-88755539	上海市黄台北…	roberto0@163…

图 6-14　Customer 表

DepartmentID	DepartmentName	Manager	Depart_Descrip…
1	销售部	张丽丽	主管公司的产…
2	采购部	陈嘉明	主管公司的…
3	人事部	孙柯南	主管公司的人…
4	后勤部	赵绵荷	主管公司的后…

图 6-15　Department 表

EmployeeID	EmployeeName	Sex	BirthDate	HireDate	Salary	DepartmentID
1	章宏伟	男	1969-10-28	1993-10-28 …	3100.0000	1
2	张立三	女	1980-05-13	2010-02-01 …	3460.2000	1
3	李孔若	女	1974-12-17	2009-12-17 …	3800.8000	1

图 6-16　Employee 表

ProductID	ProductName	Price	ProductStockN…	ProductSellNum…
1	路由器	4.50	100	40
2	果冻	1.00	2000	1000
3	打印纸	20.00	100	1000
4	墨盒	80.00	3400	3000

图 6-17　Product 表

ProviderID	ProviderName	ContactName	ProviderAddress	ProviderPhone	ProviderEmail
1	上海友谊卷笔…	陈云海	上海市南汇区…	021-88335572	shnh@sina.com
2	深圳市金丰达…	张小平	中国广东 深圳…	0755-88335573	zxp@gmailc.com
3	文成软件有限…	汤蓬蓬	福州市嘉禾区…	0591-67349882	pengpeng@163.…
4	温州神话软件…	吴慧	温州东游大厦1…	0577-89574833	shenghua@163.…

图 6-18 Provider 表

Purchas…	ProductID	PurchaseOrd…	EmployeeID	ProviderID	PurchaseOrder…
1	9	210	18	1	2009-09-06 00:…
2	8	210	26	2	2010-01-06 00:…
3	9	110	32	2	2010-02-06 00:…
4	2	210	7	2	2011-03-08 00:…

图 6-19 Purchase_order 表

SellOrderID	ProductID	SellOrder…	EmployeeID	CustomerID	SellOrderDate
1	8	200	3	1	2009-02-08 00:…
2	7	200	3	2	2009-06-10 00:…
3	8	100	3	2	2009-07-11 00:…
4	1	200	5	5	2010-08-10 00:…

图 6-20 Sell_Order 表

6.4.2 修改数据表中数据

1. 使用 SQL Server Management Studio 修改表中的数据

使用 SQL Server Management Studio 修改表中的数据很方便，方法如下：

1）在"对象资源管理器"中打开要修改的数据表，并用鼠标定位在要修改的数据项上。

2）将数据项内容按要求修改后可以直接离开修改的行，系统自动保存修改后符合要求的数据。

2. 使用 Transact-SQL 语句修改数据项

使用 Transact-SQL 语句修改数据项的基本语法如下：

```
UPDATE table_name
    SET column_name={ expression | DEFAULT | NULL }
    FROM table_name
    [ WHERE search_conditions ]
```

其中：SET 子句包含要更新的列和新值的列，FROM 子句指定为 SET 子句中的表达式提供值的表，WHERE 子句指定条件限定所要更新的行，如果省略 WHERE 子句，则表示要修改所有的记录。

【例 6-9】 将 Employee 员工表中名为"章宏伟"的员工的部门类别改为 2。

由下列语句实现：

```
UPDATE Employee
```

```
        SET DepartmentID=2
        WHERE EmployeeName='章宏伟'
```

一条记录被修改。

【例 6-10】 将所有产品的价格增加 1 元。

```
        UPDATE Product
            SET Price= Price+1
```

表中所有记录均被修改。

6.4.3 删除数据表中数据

当数据表中的数据已经过时或者没有存在意义的时候，可以将表中数据删除。

1. 使用 SQL Server Management Studio 删除表中的数据

使用"SQL Server Management Studio"工具删除表中数据的方法如下：

1）在"对象资源管理器"中打开要删除记录的数据表，并用鼠标定位在要删除的行上。

2）在要删除的行上单击鼠标右键，从弹出的快捷菜单中选择"删除"命令即可，如图 6-21 所示。

图 6-21　删除记录

2. 使用 Transact-SQL 语句删除数据表中数据

使用 Transact-SQL 语句删除数据表中数据时，常用的方法是使用 DELETE 语句和 TRUNCATE 语句，下面分别介绍这两种方式。

（1）DELETE 语句删除表中指定记录

基本格式如下：

```
DELETE
    FROM table_name
    [ WHERE ] search_condition
```

其中，

table_name：指定要从中删除数据的表。

WHERE 子句：删除条件，所有符合 WHERE 搜索条件的记录都将被删除。如果省略 WHERE 子句，将删除表中所有的记录。

使用 DELETE 删除的记录会存放在日志中，不是一种永久删除的方式。

【例 6-11】 删除产品号是"20"的产品。

```
DELETE
    FROM Product
    WHERE ProductID=20
```

（2）TRUNCATE 语句删除数据

TRUNCATE TABLE 语句也可以删除数据表中的数据，它只针对整个数据页的释放，与 DELETE 语句相同，只删除表内数据，表结构保留。

TRUNCATE 语句的语法：

TRUNCATE TABLE table_name

由于 TRUNCATE TABLE 语句是一种无日志记录的删除，用该语句删除后无法进行数据恢复，因此使用时应十分谨慎。

6.5 删除数据表

当数据库中有不需要的数据表时，可以将其删除。删除表的方法仍然可以使用 SQL Server Management Studio 和 Transact-SQL 语句。

1. 使用 SQL Server Management Studio 删除数据表

在 SQL Server Management Studio 中，右击用户数据库中要删除的数据表，在弹出的快捷菜单中选择"删除"命令即可。

2. 使用 Transact-SQL 语句删除数据表

使用 Transact-SQL 语句删除数据表的格式：

DROP TABLE table_name

其中：table_name 是要删除的数据表的名字。

需要注意的是，不能删除正在使用的数据表，也不要企图删除系统表。

6.6 实训——设备管理系统数据表的创建与维护

1. 实训目的

1）熟练掌握创建和管理数据表的方法。

2）掌握使用 INSERT、DELETE、UPDATE 语句操作表的记录的方法。

3）熟练设计约束以保证数据完整性。

2．实训内容

1）在设备管理信息系统 Assets 数据库中创建如下 3 张表。

device_info_tab 表：记录设备信息，见表 6-12。

表 6-12　device_info_tab

字 段 名	数据类型	长 度	说 明	是否允许为空
device_code	varchar	30	PK	否
device_name	varchar	30		否
description	varchar	1000		是
oper_date	datetime			否
buyer	varchar	30		是
lend_status	int		CK，检查约束，状态为 1 或者 0	是
lend_id	int			是

device_lend_info_tab 表：记录设备借用信息，见表 6-13。

表 6-13　device_lend_info_tab 表

字 段 名	数据类型	长 度	说 明	是否允许为空
lend_id	int		PK	否
device_code	varchar	30	FK，参照 device_info_tab 表 device_code 字段	否
borrower	varchar	30		否
borrow_date	datetime		DF，默认系统当前时间	是
return_date	datetime			是

user_info_tab 表：记录用户信息，见表 6-14。

表 6-14　user_info_tab 表

字 段 名	数据类型	长 度	说 明	是否允许为空
loginID	varchar	50	PK	否
password	varchar	50		是
name	varchar	50	UQ，唯一约束	是
birth	datetime			是
gender	char	10	CK，性别是男或者女	是
department	nchar	10		是

2）在每张表中添加至少 5 条符合实际意义的数据。

3）向各表中插入一条记录。

4）删除各表中的第 3 条记录。

6.7　习题

1．在 SQL Server 数据库中，_____是最基本的单位。

2. 在 SQL Server 表中，一个表只能有一个_____，且其值必须唯一。

3. 表与表之间的关联关系的建立是通过_____实现的。

4. Microsoft SQL Server 2008 提供了_____种列数据类型。

5. 创建表时不需要定义的是（   ）。

    A．列宽度   B．列名   C．列类型   D．列对应的数据

6. 下列选项中属于创建表的 T-SQL 语句的是（   ）。

    A．CREATE TABLE   B．ALTER TABLE

    C．DROP TABLE   D．以上均不是

7. 下面数据类型中，不可以存储数据 256（   ）。

    A．int   B．bignit   C．tinyint   D．smallint

8. 要删除表 student 中的所有记录，下面正确的语句是（   ）。

    A．DELETE ALL   B．DROP ALL

    C．TRUNCATE TABE student   D．DELETE FROM student

9. 可以同时向表中插入多条记录的语句是（   ）。

    A．SELECT…FROM   B．SELECT…INTO

    C．INSERT…INTO   D．INSERT…SELECT

10. UPDATE 命令的 SET 子句指定需修改的属性和修改后的属性值，下面可以用在 SET 子句中的语法元素是（   ）。

    A．常量   B．通配符   C．变量   D．表达式

11. 可以存储图形文件的字段类型是（   ）。

    A．备注数据类型   B．二进制数据类型

    C．日期数据类型   D．文本数据类型

12. 定义表结构时，不用定义的内容是（   ）。

    A．字段属性   B．数据内容   C．字段名   D．索引

13. 以下不正确的数值型数据是（   ）。

    A．1994   B．1996.16   C．940,610   D．"9606"

14. 不是字符数据类型的是（   ）。

    A．Datetime   B．Text   C．Char   D．Nchar

15. 规则的作用是什么？

16. 默认值的作用是什么？

17. 外键约束的作用是什么？

18. 用两种方法删除表中记录，它们各有什么特点？

第7章 SQL 查询

数据库查询是数据库中一个最基本的功能，也是一个最常用的操作，它是从数据库中检索符合条件的数据记录的选择过程。SQL Server 的数据库查询使用 T-SQL 语句，其基本的查询语句是 SELECT 语句。本章将介绍常用的 SQL 查询方法。

7.1 查询的基本结构

SQL 中最主要、最核心的部分是它的查询功能。查询语言用来对已存在于数据库中的数据按照特定的组合、条件表达式或者一定次序进行检索。SQL 查询语句的基本格式如下：

```
SELECT 列名表
    FROM 表或视图名
    WHERE 查询限定条件
```

即，SELECT 指定了要查看的列，FROM 指定这些数据来自哪里（表或者视图），WHERE 则指定了要查询哪些行（记录）。

完整的 SELECT 语句的语法如下：

```
SELECT 列名表
    FROM 表或视图名
    [WHERE 查询限定条件]
    [GROUP BY 分组表达式]
    [HAVING 分组条件]
    [ORDER BY 次序表达式 [ASC|DESC] ]
```

其中，带有方括号的子句为可选子句，大写的单词表示 SQL 的关键字。本章后面的内容将对这些关键字的使用进行具体讲解。

本章的查询主要基于数据库 CompanySales 中的客户表 Customer、部门表 Department、员工表 Employee、产品表 Product、供应商表 Provider、采购表 Purchase_order、销售表 Sell_Order。如图 7-1～图 7-7 所示。

CustomerID	CompanyName	ContactName	Phone	Address	EmailAddress
1	三川实业有限…	刘明	030-88355547	上海市大崇明…	guy1@163.com
2	远东科技有限…	王丽丽	030-88355547	大连市沙河区…	kevin0@163.com
3	坦森行贸易有…	王炫皓	0321-88755539	上海市黄台北…	roberto0@163…

图 7-1 Customer 表

DepartmentID	DepartmentName	Manager	Depart_Descrip…
1	销售部	张丽丽	主管销售
2	采购部	陈嘉明	主管公司的产…
3	人事部	孙柯南	主管公司的人…
4	后勤部	赵绵荷	主管公司的后…

图 7-2 Department 表

EmployeeID	EmployeeName	Sex	BirthDate	HireDate	Salary	DepartmentID
1	章宏伟	男	1969-10-28	1993-10-28 …	3100.0000	1
2	张立三	女	1980-05-13	2010-02-01 …	3460.2000	1
3	李孔若	女	1974-12-17	2009-12-17 …	3800.8000	1

图 7-3　Employee 表

ProductID	ProductName	Price	ProductStockN…	ProductSellNum…
1	路由器	4.50	100	40
2	果东	1.00	2000	1000
3	打印纸	20.00	100	1000
4	墨盒	80.00	3400	3000

图 7-4　Product 表

ProviderID	ProviderName	ContactName	ProviderAddress	ProviderPhone	ProviderEmail
1	上海友谊卷笔…	陈云海	上海市南汇区…	021-88335572	shnh@sina.com
2	深圳市金丰达…	张小平	中国 广东 深圳…	0755-88335573	zxp@gmailc.com
3	文成软件有限…	汤蓬蓬	福州市嘉禾区…	0591-67349882	pengpeng@163…
4	温州神话软件…	吴慧	温州东游大夏1…	0577-89574833	shenghua@163…

图 7-5　Provider 表

Purchas…	ProductID	PurchaseOrd…	EmployeeID	ProviderID	PurchaseOrder…
1	9	210	18	1	2009-09-06 00:…
2	8	210	26	2	2010-01-06 00:…
3	9	110	32	2	2010-02-06 00:…
4	2	210	7	2	2011-03-08 00:…

图 7-6　Purchase_order 表

SellOrderID	ProductID	SellOrder…	EmployeeID	CustomerID	SellOrderDate
1	8	200	3	1	2009-02-08 00:…
2	7	200	3	2	2009-06-10 00:…
3	8	100	3	2	2009-07-11 00:…
4	1	200	5	5	2010-08-10 00:…

图 7-7　Sell_Order 表

7.2　简单查询

从一个表中检索数据，将查询结果排序、分组或使用聚合函数查询信息是查询的基本功能。

7.2.1　简单查询概述

1. 选择所有字段

SELECT 语句后的第一个子句，即 SELECT 关键字开头的子句，用于选择进行显示的列。如果要显示数据表中的所有列，则 SELECT 子句后用星号（*）表示。

【例 7-1】查询 CompanySales 数据库的 Product 表中的所有记录。

解：其操作步骤如下。

1）启动 SQL Server Management Studio。

2）在"对象资源管理器"中展开 SS 服务器节点。

3）展开"数据库"节点。

4）右击数据库"CompanySales"，在弹出的快捷菜单中选择"新建查询"命令，出现一个查询命令编辑窗口，在其中输入相应的 T-SQL 语句。然后单击工具栏中的" ![执行(X)] "或按〈F5〉键即可在下方的输出窗口中显示相应的执行结果，如图 7-8 所示。

程序如下：

```
USE CompanySales
SELECT *
    FROM Product
```

上述语句的功能是，先打开 CompanySales 数据库，然后从 Product 表中选择所有记录，并显示在输出窗口中。

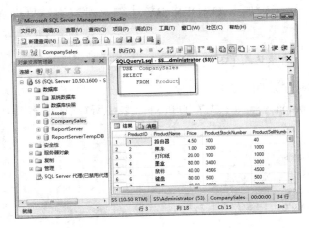

图 7-8　例 7-1 执行结果

2. 选择部分字段

在查询表时，很多时候只显示所需要的字段，这时在 SELECT 子句后分别列出各个字段名称即可。

【例 7-2】 查询 CompanySales 数据库的 Product 表中所有记录的 ProductID，ProductName，Price 列。

解：程序如下。

```
USE CompanySales
SELECT ProductID AS '产品编号',ProductName AS '产品名称',Price
        AS '价格'
    FROM Product
```

上述 SELECT 中使用 AS 子句将各列名以更明确的汉字显示，执行结果如图 7-9 所示。

3. 不显示重复记录

DISTINCT 关键字主要用来从 SELECT 语句的结果集中去掉重复的记录。如果没有 DISTINCT 关键字，系统将返回所有符合条件的记录组成结果集，其中包括重复的记录。

	产品编号	产品名称	价格
1	1	路由器	4.50
2	2	果冻	1.00
3	3	打印纸	20.00
4	4	墨盒	80.00
5	5	鼠标	40.00

图 7-9　例 7-2 执行结果

【例 7-3】 给出功能为"显示 CompanySales 数据库的 Employee 表中所有 DepartmentID"的程序及其执行结果。

解：程序如下。

```
USE CompanySales
SELECT DISTINCT DepartmentID AS '部门编号'
    FROM Employee
```

执行结果如图 7-10 所示。

	部门编号
1	3
2	1
3	4
4	2

图 7-10　例 7-3 执行结果

7.2.2　对查询结果排序

通过在 SELECT 语句中加入 ORDER BY 子句来对查询结果进行排序。其语法形式如下：

ORDER　BY 次序表达式 [ASC|DESC]

其中，ASC 表示升序，DESC 表示降序。

【例 7-4】 查询 CompanySales 数据库的 Product 表中所有记录，结果按照 Price 降序排列。

解：程序如下。

```
USE CompanySales
SELECT *
    FROM Product
    ORDER BY Price DESC
```

执行结果如图 7-11 所示。

	ProductID	ProductName	Price	ProductStockNumber	ProductSellNumber
1	21	液晶显示器	800.00	600	300
2	20	彩色显示器	700.00	100	1000
3	4	墨盒	80.00	3400	3000
4	6	键盘	80.00	500	500
5	9	USB鼠标	50.00	870	80

图 7-11　例 7-4 执行结果

在例 7-4 中，按照价格降序排列后，对于价格相同的记录，可以进行二次排序，如按照销售数量 ProductSellNumber 升序排列。程序做相应修改如下：

```
ORDER BY Price DESC, ProductSellNumber
```

执行结果如图 7-12 所示。

	ProductID	ProductName	Price	ProductStockNumber	ProductSellNumber
1	21	液晶显示器	800.00	600	300
2	20	彩色显示器	700.00	100	1000
3	6	键盘	80.00	500	500
4	4	墨盒	80.00	3400	3000
5	23	无线鼠标	50.00	800	30
6	9	USB鼠标	50.00	870	80

图 7-12　二次排序结果

7.2.3　将查询结果分组统计

GROUP　BY 子句可以将表的行划分为不同的组，分别总结每个组，这样就可以控制想要看到的详细信息的级别。其语法形式如下：

  GROUP　BY 分组表达式

使用 GROUP　BY 子句的注意事项如下：

1）在 SELECT 子句的字段列表中，除了聚合函数外，其他出现的字段一定要 GROUP BY 子句中有定义才可以。如"GROUP BY X,Y"，那么"SELECT SUM（X）,Z"就有问题，因为 Z 不在 GROUP BY 子句中，但是 SUM（X）是可以的。

2）SELECT 子句的字段列表中至少要用到 GROUP BY 子句列表中的一个项目。如"GROUP BY X, Y, Z"，则"SELECT X"是可以的。

3）在 SQL Server 中，text、ntext、image 等数据类型的字段不能作为 GROUP BY 子句的分组依据。

1. 按单列分组

GROUP　BY 子句可以基于指定某一列的值将数据集合划分为多个分组，同一组内所有记录在分组属性上具有相同值。

【例 7-5】　把 Employee 表按照 Sex 这个单列进行分组。

解：程序如下。

```
USE CompanySales
SELECT Sex
    FROM Employee
    GROUP BY Sex
```

	Sex
1	男
2	女

图 7-13　例 7-5 执行结果

执行结果如图 7-13 所示。

2. 按多列分组

GROUP　BY 子句可以基于指定多列的值将数据集合划分为多个分组。

【例 7-6】　在 Employee 表中，按照"Sex"和"DepartmentID"进行分组。

解：程序如下。

```
USE CompanySales
SELECT Sex, DepartmentID
    FROM Employee
    GROUP BY Sex, DepartmentID
```

	Sex	DepartmentID
1	男	3
2	女	4
3	男	1
4	女	2
5	男	4
6	男	2
7	女	3
8	女	1

首先按照 Sex 分组，然后再按照 DepartmentID 分组，执行结果如图 7-14 所示。

图 7-14　例 7-6 执行结果

3. 与 HAVING 一起用

分组之前的条件要使用 WHERE 关键字，而分组之后的条件要使用关键字 HAVING 子句。

【例 7-7】　在 Employee 表中，先按"DepartmentID"分组求出员工的平均工资，然后筛选出平均工资小于 2000 的员工信息。

解：程序如下。

```
USE CompanySales
SELECT AVG(Salary ), DepartmentID
    FROM Employee
    GROUP BY DepartmentID
    HAVING AVG(Salary )<2000
```

	（无列名）	DepartmentID
1	1677.5621	1
2	1833.7554	2

图 7-15　例 7-7 执行结果

执行结果如图 7-15 所示。

7.2.4　使用聚合函数进行查询

SQL Server 提供一组聚合函数，它们可以实现数据统计等功能，用于对一组值进行计算并返回一个单一的值。聚合函数常与 SELECT 语句的 GROUP BY 子句一起使用。常用的聚合函数见表 7-1。

表 7-1　常用的聚合函数

函　数　名	功　　能
SUM（列名）	对指定列中的所有非空值求和
AVG（列名）	对指定列中的所有非空值求平均值
MAX（列名）	返回指定列中的最大数字、最大的字符串和最近的日期时间
MIN（列名）	返回指定列中的最小数字、最小的字符串和最小的日期时间
COUNT（列名）	统计指定列的数据记录的行数

【例 7-8】　在 Product 表中，查询价格最贵的产品信息。

解：程序如下。

```
USE CompanySales
SELECT MAX(Price)
    FROM Product
```

	（无列名）
1	800.00

图 7-16　例 7-8 执行结果

执行结果如图 7-16 所示。

使用 COUNT（*）可以求整个表所有的记录数。

【例 7-9】　求 Product 表中所有的记录数。

解：程序如下。

```
USE CompanySales
SELECT COUNT (*)
    FROM Product
```

	（无列名）
1	34

图 7-17　例 7-9 执行结果

执行结果如图 7-17 所示。

7.3　条件查询

WHERE 子句是用来选取需要检索的记录。一个表通常有数千条记录，在查询结果中，用户仅需其中的一部分记录，这时需要使用 WHERE 子句指定一系列的查询条件。WHERE 子句基本语法如下：

> WHERE　查询限定条件

为了实现不同种类的查询，WHERE 子句提供了丰富的搜索条件。
- 比较运算符（如=、<>、<、>等）。
- 范围说明（BETWEEN 和 NOT BETWEEN）。
- 可选值列表（IN 和 NOT IN）。
- 模式匹配（LIKE 和 NOT LIKE）。
- 上述条件的逻辑组合（NOT、AND、OR）。

7.3.1　比较查询条件

比较查询条件由比较运算符连接表达式组成，系统根据查询条件的真假来决定某一条记录是否满足该查询条件，只有满足该查询条件的记录才会出现在结果集中。SQL Server 的比较运算符见表 7-2。

表 7-2　比较运算符

运　算　符	说　明	运　算　符	说　明
=	等于	<=	小于等于
>	大于	!>	不大于
<	小于	!<	不小于
>=	大于等于	<>或!=	不等于

【例 7-10】　在 Product 表中，查询"Price"大于 50 的产品信息。
解：程序如下。

```
USE CompanySales
SELECT *
    FROM Product
    WHERE Price > 50
```

执行结果如图 7-18 所示。

	ProductID	ProductName	Price	ProductStockNumber	ProductSellNumber
1	4	墨盒	80.00	3400	3000
2	6	键盘	80.00	500	500
3	20	彩色显示器	700.00	100	1000
4	21	液晶显示器	800.00	600	300

图 7-18　例 7-10 执行结果

【例 7-11】　在 Product 表中，查询"ProductSellNumber"不小于 3000 的产品信息。
解：程序如下。

```
USE CompanySales
SELECT *
```

```
FROM Product
WHERE ProductSellNumber!< 3000
```

执行结果如图 7-19 所示。

	ProductID	ProductName	Price	ProductStockNumber	ProductSellNumber
1	4	墨盒	80.00	3400	3000
2	5	鼠标	40.00	4566	4500
3	7	优盘	40.00	9000	7000
4	8	牙刷	6.05	9000	8900
5	11	水笔	0.30	5400	4000

图 7-19 例 7-11 执行结果

注意：搜索满足条件的记录行要比消除所有不满足条件的记录行快，所以，将否定的 WHERE 条件改写为肯定的条件将会提高性能。

7.3.2 范围查询条件

使用范围条件进行查询，是需要返回某一个数据值是否位于两个给定的值之间。通常使用 BETWEEN…AND…和 NOT…BETWEEN…AND…来指定范围条件。

使用 BETWEEN…AND…查询条件时，指定的第一个值必须小于第二个值，等价于比较运算符（>=…<=）。

【例 7-12】 在 Product 表中，查询"Price"在 40 和 50 之间的产品信息。

解：对应程序如下。

```
USE CompanySales
SELECT *
    FROM Product
    WHERE Price BETWEEN 40 AND 50
```

执行结果如图 7-20 所示。

	ProductID	ProductName	Price	ProductStockNumber	ProductSellNumber
1	5	鼠标	40.00	4566	4500
2	7	优盘	40.00	9000	7000
3	9	USB 鼠标	50.00	870	80
4	23	无线鼠标	50.00	800	30
5	24	2G优盘	40.00	760	300

图 7-20 例 7-12 执行结果

上述 SQL 也可以用>=…<=符号来改写。相当的 SQL 语句如下：

```
USE CompanySales
SELECT * FROM Product WHERE Price >=40 AND Price<=50
```

NOT…BETWEEN…AND…语句返回某个数据值在两个指定值的范围之外的，但并不包括两个指定的值。在此不再展开，读者可以自己练习。

7.3.3 列表查询条件

当要测试一个数据值是否匹配一组目标值中的一个时，通常使用关键字 IN 来指定列表搜索条件。其语法形式如下：

> IN(目标值 1，目标值 n)

【例 7-13】 在表 Employee 中，查询"DepartmentID"是 1（销售部）、2（采购部）的员工信息。

解：程序如下。

```
USE CompanySales
SELECT *
    FROM Employee
    WHERE DepartmentID IN (1, 2)
```

执行结果如图 7-21 所示。

	EmployeeID	EmployeeName	Sex	BirthDate	HireDate	Salary	DepartmentID
1	1	章宏伟	男	1969-10-28	1993-10-28 00:00:00	3100.00	2
2	2	张立三	女	1980-05-13	2010-02-01 00:00:00	3460.20	1
3	3	李孔若	女	1974-12-17	2009-12-17 00:00:00	3800.80	1
4	4	余杰	男	1973-07-11	2004-07-11 00:00:00	3315.00	1
5	5	孙慧敏	男	1957-08-12	1996-08-12 00:00:00	3453.70	1
6	6	孔高铁	男	1974-11-17	2001-11-17 00:00:00	3600.50	1
7	7	姚晓力	女	1969-08-14	1997-08-14 00:00:00	3313.80	1
8	8	宋振辉	男	1975-05-16	2010-02-01 00:00:00	3376.60	2
9	9	赵丽	男	1960-08-21	1994-08-21 00:00:00	3421.90	2

图 7-21 例 7-13 执行结果

IN 运算符可以与 NOT 配合使用排除特定的行，用来测试一个数据值是否不匹配任何目标值。

【例 7-14】 在表 Employee 中，查询"DepartmentID"不是 1（销售部）、2（采购部）的员工信息。

解：程序如下。

```
USE CompanySales
SELECT *
    FROM Employee
    WHERE DepartmentID NOT IN (1,2)
```

7.3.4 模糊 LIKE 查询

有时用户对要查询的数据表中的数据了解得不够全面，如不能确定所要查询员工的确切名称而只知道姓名里包含"王"等，这时需要使用 LIKE 关键字进行模糊查询。LIKE 关键字需要使用通配符在字符串内查找指定的模式。通配符的含义见表 7-3。

表 7-3　通配符

通　配　符	说　　明
%	由零个或更多字符组成的任意字符串
_	任意单个字符
[ ]	用于指定范围，例如［A-F］，表示A到F范围内的任何单个字符
[^]	表示指定范围之外的，例如［^A-F］表示A到F范围以外的任何单个字符

1. "%"通配符

"%"通配符能匹配零个或更多个字符的任意长度的字符串。

【例 7-15】　在 Employee 表中，查询姓"王"的员工信息。

解：语句如下。

```
USE CompanySales
SELECT *
    FROM Employee
    WHERE EmployeeName LIKE '王%'
```

执行结果如图 7-22 所示。

	EmployeeID	EmployeeName	Sex	BirthDate	HireDate	Salary	DepartmentID
1	29	王辉	男	1980-09-08	2000-09-08 00:00:00	3450.00	3
2	46	王百静	男	1998-04-26	2010-02-01 00:00:00	5000.00	1
3	59	王智	男	1988-08-16	2010-02-01 00:00:00	1500.00	1
4	76	王晓萍	女	1988-12-03	2010-02-01 00:00:00	1500.00	2
5	108	王慧珍	女	1989-02-07	2010-02-01 00:00:00	1500.00	2

图 7-22　例 7-15 执行结果

2. "_"通配符

"_"表示任意单个字符，该符号只能匹配一个字符。

【例 7-16】　在 Employee 中，查询姓"王"并且末尾字是"静"的读者信息。

解：程序如下。

```
USE CompanySales
SELECT *
    FROM Employee
    WHERE EmployeeName LIKE '王_静'
```

执行结果如图 7-23 所示。

	EmployeeID	EmployeeName	Sex	BirthDate	HireDate	Salary	DepartmentID
1	46	王百静	男	1998-04-26	2010-02-01 00:00:00	5000.00	1
2	2124	王静静	女	1986-07-29	2010-02-01 00:00:00	1883.00	1

图 7-23　例 7-16 执行结果

3. "[ ]"通配符

"[ ]"符号用于表示一定范围内的任意单个字符，它包括两端数据。

【例 7-17】　在 Customer 表中，查询电话以"030-883"开头并且以"5547"结尾，且中间数字位于 1～9 的客户信息。

解：程序如下。

```
USE CompanySales
SELECT *
    FROM Customer
    WHERE Phone LIKE  '030-883[1-9]5547'
```

执行结果如图 7-24 所示。

	CustomerID	CompanyName	ContactName	Phone	Address	EmailAddress
1	1	三川实业有限公司	刘明	030-88355547	上海市大崇明路 50 号	guy1@163.com
2	2	远东科技有限公司	王丽丽	030-88355547	大连市沙河区承德西路 80 号	kevin0@163.com

图 7-24   例 7-17 执行结果

4．"［ ^ ］"通配符

［ ^ ］符号用于表示不在某个范围内的任意单个字符，它不包括两端数据。

【例 7-18】   在 Customer 表中，查询电话以 "030-883" 开头并且以 "5547" 结尾，且中间数字不是 "2" 的客户信息。

解：程序如下。

```
USE CompanySales
SELECT *
    FROM Customer
    WHERE Phone like '030-883 [^2] 5547'
```

执行结果如图 7-25 所示。

	CustomerID	CompanyName	ContactName	Phone	Address	EmailAddress
1	1	三川实业有限公司	刘明	030-88355547	上海市大崇明路 50 号	guy1@163.com
2	2	远东科技有限公司	王丽丽	030-88355547	大连市沙河区承德西路 80 号	kevin0@163.com

图 7-25   例 7-18 执行结果

在很多条件下，在 WHERE 子句中仅仅使用一个条件不能准确检索到数据，可以使用逻辑运算符 NOT、AND 和 OR，在此不再赘述，读者可自己练习。

7.4   连接查询

在数据库的应用中，经常需要从多个相关的表中查询数据，如果多个表之间存在关联关系，则可以通过连接查询同时查看各表的数据。连接查询主要包括内连接、外连接、交叉连接。

连接条件可在 FROM 或 WHERE 子句中指定。连接条件与 WHERE 和 HAVING 搜索条件组合，用于控制 FROM 子句中的基表所选定的行。

在 FROM 子句中指定连接条件，有助于将这些连接条件与 WHERE 子句中可能指定的其他搜索条件分开，指定连接时建议使用这种方法。简单的子句连接语法如下：

FROM　表1　连接类型　表2　[ON连接条件]

其中，连接类型指定所执行的连接方式，包括内连接、外连接或交叉连接。

7.4.1　内连接

内连接一般是用户最常使用的，也叫自然连接，是用比较运算符比较要连接列的值的连接。它是通过（INNER JOIN 或者 JOIN）关键字把多表进行连接。语法如下：

SELECT　列名1, 列名 n
　　FROM　表1　INNER JOIN　表2
　　ON　表1. 列名 = 表2. 列名

【例 7-19】　给出以下程序的执行结果。

USE CompanySales
SELECT Employee. EmployeeID, EmployeeName, Sex, BirthDate, HireDate, Salary
　FROM Employee JOIN Purchase_order
　ON　Employee. EmployeeID = Purchase_order .EmployeeID

解：该程序使用内连接查询采购的员工信息。通过内连接，可以查询曾经采购过的员工信息，执行结果如图 7-26 所示。

说明：

	EmployeeID	EmployeeName	Sex	BirthDate	HireDate	Salary
1	18	李萍	女	1974-04-28	1999-04-28 00:00:00	3295.70
2	26	欧阳天民	女	1964-03-17	1998-03-17 00:00:00	3359.90
3	32	任洁	女	1982-04-02	2010-02-01 00:00:00	3340.00
4	7	姚晓力	女	1969-08-14	1997-08-14 00:00:00	3313.80
5	26	欧阳天民	女	1964-03-17	1998-03-17 00:00:00	3359.90

1）其中，INNER JOIN 是 SQL Server 的默认连接，可简写为 JOIN。

图 7-26　例 7-19 执行结果

2）当单个查询引用过多个表时，所有列引用都必须明确。任何重复的列名都必须用表名限定，如列名"EmployeeID"在表"Employee"和表"Purchase_order"中都有，因此列名前须加表名限定，其他列名在表中不重复，则不需加表名限定。

3）如果多个表要做连接，那么这些表之间必然存在着主键和外键的关系。所以需要将这些键的关系列出，就可以得出表连接的结果。

内连接就是将参与的数据表中的每列与其他数据表的列相匹配，形成临时数据表，并将满足数据项相等的记录从临时数据表中选择出来。

7.4.2　外连接

仅当至少有一个同属于两表的行符合连接条件时，内连接才返回记录，内连接消除与另一个表中的任何不匹配的行。而外连接会返回 FROM 子句中提到的至少一个表或视图的所有行。

外连接扩充了内连接的功能，会把内连接中删除原表的一些记录保留下来，由于保留下来的行不同，可以把外连接分为左外连接、右外连接和全连接。

1. 左外连接

左外连接保留了第一个表的所有行，但只包含第二个表与第一个表匹配的行。第二个表相应的空行被放入 NULL 值。

左外连接的语法如下：

SELECT 　列名 **1,** 列名 **n**
　　　FROM 　表 **1** 　**LEFT OUTER JOIN** 　表 **2**
　　　ON 　表 **1.** 列名 **=** 表 **2.** 列名

其中 OUTER 可省略。

【例 7-20】 将表"Employee"和表"Purchase_order"进行左外连接。

解：本例查询了所有员工的采购记录，对于从来没有采购过的员工相关列用 NULL 来代替，程序如下。

```
USE CompanySales
SELECT Employee. EmployeeID, EmployeeName, Sex, BirthDate, HireDate, Salary, ProviderID,
PurchaseOrder.Number
    FROM Employee LEFT JOIN Purchase_order
    ON Employee.EmployeeID = Purchase_order .EmployeeID
```

执行结果如图 7-27 所示。

	EmployeeID	EmployeeName	Sex	BirthDate	HireDate	Salary	ProviderID	PurchaseOrderNumber
1	1	章宏伟	男	1969-10-28	1993-10-28 00:00:00	3100.00	NULL	NULL
2	2	张立三	女	1980-05-13	2010-02-01 00:00:00	3460.20	NULL	NULL
3	3	李孔若	女	1974-12-17	2009-12-17 00:00:00	3800.80	NULL	NULL
4	4	余杰	男	1973-07-11	2004-07-11 00:00:00	3315.00	NULL	NULL
5	5	孙慧敏	男	1957-08-12	1996-08-12 00:00:00	3453.70	NULL	NULL
6	6	孔高铁	男	1974-11-17	2001-11-17 00:00:00	3600.50	2	210
7	7	姚晓力	女	1969-08-14	1997-08-14 00:00:00	3313.80	2	210
8	7	姚晓力	女	1969-08-14	1997-08-14 00:00:00	3313.80	1	210

图 7-27　例 7-20 执行结果

查询结果中包含了 Employee 表和 Purchase_order 的记录，Employee 表对应的 EmployeeID 在 Purchase_order 表中不存在的话，用 NULL 来代替，如图 7-27 中阴影所示。

2. 右外连接

右外连接保留了第二个表的所有行，但只包含第一个表与第二个表匹配的行，第一个表相应空行被写入 NULL 值。

右外连接的语法如下：

SELECT 　列名 **1,** 列名 **n**
　　　FROM 　表 **1** 　**RIGHT OUTER JOIN** 　表 **2**
　　　ON 　表 **1.** 列名 **=** 表 **2.** 列名

其中 OUTER 可省略。

【例 7-21】 将表"Purchase_order"和表"Employee"进行右外连接。

解：本例查询了所有产品的采购员工记录，对于从来没有采购过的员工相应列放入 NULL 值，程序如下。

```
USE CompanySales
SELECT EmployeeName, Sex, PurchaseOrderNumber
    FROM Purchase_order right JOIN Employee
    ON  Employee. EmployeeID = Purchase_order .EmployeeID
```

执行结果如图 7-28 所示。

查询结果中包含了 Employee 表和 Purchase_order 表的记录，Employee 表的 EmployeeID 在 Purchase_order 表中相应记录不存在的话，用 NULL 代替，如图 7-28 阴影所示。

3. 全外连接

全外部连接返回左表和右表中的所有行。当某行在另一个表中没有匹配行时，则另一个表的选择列表列包含空值。如果表之间有匹配行，则整个结果集行包含基表的数据值。

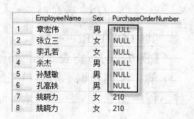

图 7-28　例 7-21 执行结果

全外连接的语法如下：

```
SELECT    列名 1，列名 n
    FROM    表 1    FULL OUTER JOIN    表 2
    ON    表 1. 列名 ＝ 表 2. 列名
```

其中 OUTER 可省略。

【例 7-22】 将表"Purchase_order"和表"Employee"进行全外连接。

解：程序如下。

```
USE CompanySales
SELECT EmployeeName, Sex, PurchaseOrderNumber
    FROM Purchase_order FULL JOIN Employee
    ON Employee. EmployeeID = Purchase_order .EmployeeID
```

执行结果如图 7-29 所示。

图 7-29　例 7-22 执行结果

7.4.3　交叉连接

交叉连接（CROSS JOIN）的结果集中，两个表中每两个可能成对的行占一行。交叉连接不使用 WHERE 子句。在数学上，就是表的笛卡儿积，也就是它查询出来的记录数行为两个表的乘积，对应记录也就是为表 1×表 2。

【例 7-23】 将表"Purchase_order"和表"Employee"进行交叉连接。

解：程序如下。

```
USE CompanySales
SELECT EmployeeName, Sex, PurchaseOrderNumber
    FROM Purchase_order CROSS JOIN Employee
```

交叉连接产生的结果集一般是毫无意义的，但在数据库的数据模式上却有着重要的作用。

7.5　子查询

子查询是一个 SELECT 查询，它嵌套在 SELECT、INSERT、UPDATE、DELETE 语句或其他子查询中。子查询也称为内部查询或内部选择，而包含子查询的语句也称为外部查询或外部选择。

子查询能够将比较复杂的查询分解成几个简单的查询，而且子查询可以嵌套。嵌套查询的过程是：首先执行内部查询，它查询出来的数据并不被显示出来，而是传递给外层语句，并作为外层语句的查询条件来使用。

使用子查询时要注意以下几点：

1）子查询需用圆括号( )括起来；

2）子查询内还可以再嵌套子查询；

3）子查询的 SELECT 语句中不能使用 image、text、ntext 数据类型；

4）子查询返回的结果值的数据类型必须匹配新增列或 WHERE 子句中的数据类型；

5）子查询中不能使用 COMPUTE［BY］和 INTO 子句。

7.5.1 使用比较运算符的子查询

子查询比较测试用到的运算符是=、<>、<、<=、>、>=，把一个表达式的值和由子查询产生的值进行比较，这时子查询只能返回一个值，否则错误。最后返回比较结果为 TRUE 的记录。

【例 7-24】 在 Product 表中，查询高于平均价格的产品信息。

解：程序如下。

```
USE CompanySales
SELECT *
    FROM Product
    WHERE Price > ( SELECT AVG( Price ) FROM Product)
```

执行结果如图 7-30 所示。

	ProductID	ProductName	Price	ProductStockNumber	ProductSellNumber
1	4	墨盒	80.00	3400	3000
2	6	键盘	80.00	500	500
3	20	彩色显示器	700.00	100	1000
4	21	液晶显示器	800.00	600	300

图 7-30　例 7-24 执行结果

子查询过程：

1）首先执行子查询，从 Product 中查询产品平均价格；

2）然后把子查询的结果和外层查询的"Price"字段内容一一比较，从 Product 中查询出高于平均价格的产品。

7.5.2 使用 IN 的子查询

当子查询产生一系列值时，适合用带 IN 关键字的查询。

带 IN 的子查询语法如下：

WHERE　查询表达式　IN　（子查询）

把查询表达式单个数据和由子查询产生的一系列的数值相比较，如果数值匹配一系列值中的一个，则返回 TRUE。

【例 7-25】 在 Employee 表和 Purchase_order 表中，查询采购过商品的员工信息。

解：程序如下。

```
USE   CompanySales
SELECT  *
    FROM   Employee
    WHERE   EmployeeID   IN   ( SELECT   EmployeeID   FROM   Purchase_order)
```

执行结果如图 7-31 所示。

1	7	姚晓力	女	1969-08-14	1997-08-14 00:00:00	3313.80	1
2	8	宋振辉	男	1975-05-16	2010-02-01 00:00:00	3376.60	2
3	9	赵丽	男	1960-08-21	1994-08-21 00:00:00	3421.90	2
4	18	李萍	女	1974-04-28	1999-04-28 00:00:00	3295.70	2
5	24	张晓明	男	1960-01-18	1984-01-18 00:00:00	3376.00	2

图 7-31 例 7-25 执行结果

子查询生成 Purchase_order 表中 EmployeeID 的数值，WHERE 子句检查主查询记录中的值是否与子查询结果中的数值匹配。

【例 7-26】 在 Employee 表和 Purchase_order 表中，查询没有采购过商品的员工信息。

解：程序如下。

```
USE CompanySales
SELECT *
    FROM Employee
    WHERE EmployeeID NOT IN (SELECT EmployeeID FROM Purchase_order)
```

7.5.3 使用 SOME 和 ANY 的子查询

SQL 支持 3 种定量比较谓词：SOME、ANY 和 ALL，它们都是判断是否任何或全部返回值都满足搜索要求的。其中，SOME 和 ANY 谓词是存在量的，只注重是否有返回值满足搜索要求。这两种谓词含义相同，可以替换使用。

SOME 与 IN 的功能大致相同，IN 可以独立进行相等比较，而 SOME 必须与比较运算符配合使用，但可以进行任何比较。

SOME 的语法如下。

<表达式>{=、<>、!=、>、>=、<、<=、!>、!<} SOME （子查询）

【例 7-27】 在 Product 中，查询低于平均价格的产品信息。

解：程序如下。

```
USE   CompanySales
SELECT  *
    FROM   Product
    WHERE   Price < SOME ( SELECT   AVG ( Price )   FROM   Product)
```

执行结果如图 7-32 所示。

	ProductID	ProductName	Price	ProductStockNumber	ProductSellNumber
1	1	路由器	4.50	100	40
2	2	果冻	1.00	2000	1000
3	3	打印纸	20.00	100	1000
4	5	鼠标	40.00	4566	4500
5	7	优盘	40.00	9000	7000

图 7-32　例 7-27 执行结果

SOME 是把每一行指定的列值与子查询的结果进行比较，如果哪行的比较结果为真，满足条件就返回该行。

ANY 和 SOME 完全等价，即能用 SOME 的地方完全可以使用 ANY。上述程序中可以用 ANY 来代替 SOME，实现相同的效果。

7.5.4　使用 ALL 的子查询

ALL 的用法和 ANY 或 SOME 一样，也是把列值与子查询结果进行比较，但它不要求任意结果值的列值为真，而是要求所有列的结果都为真，否则就不返回行。

【例 7-28】　查询没有在"2014-08-15 21:06:00"日期前采购过商品的员工信息。

解：程序如下。

```
USE CompanySales
SELECT *
    FROM Employee
    WHERE EmployeeID <>ALL
    (SELECT EmployeeID FROM Purchase_order WHERE PurchaseOrderDate< '2014-08-15 21:06:00' )
```

执行结果如图 7-33 所示。

	EmployeeID	EmployeeName	Sex	BirthDate	HireDate	Salary	DepartmentID
1	1	章宏伟	男	1969-10-28	1993-10-28 00:00:00	3100.00	2
2	2	张立三	女	1980-05-13	2010-02-01 00:00:00	3460.20	1
3	3	李孔若	女	1974-12-17	2009-12-17 00:00:00	3800.80	1
4	4	余杰	男	1973-07-11	2004-07-11 00:00:00	3315.00	1
5	5	孙慧勤	男	1957-08-12	1996-08-12 00:00:00	3453.70	1

图 7-33　例 7-28 执行结果

7.5.5　使用 EXISTS 的子查询

EXISTS 只注重子查询是否返回行。外部查询可以使用 EXISTS 检查相关子查询返回的结果集中是否包含有记录。若子查询结果集中包含记录，则 EXISTS 为 TRUE，否则为 FALSE。NOT EXISTS 的作用正好相反。

【例 7-29】　查询在 2012-05-07 00:00:00 被采购的商品名称、价格和商品数量。

解：程序如下。

```
USE CompanySales
    SELECT ProductName, Price, ProductStockNumber
    FROM Product A
    WHERE EXISTS
    (SELECT * FROM Purchase_order WHERE PurchaseOrderDate = ' 2012-05-07 00:00:00' AND A.
```

ProductID=ProductID)

执行结果如图 7-34 所示。

图 7-34 中表格：

	ProductName	Price	ProductStockNumber
1	墨盒	80.00	3400
2	水笔	0.30	5400

图 7-34 例 7-29 执行结果

7.6 实训——设备管理系统的查询操作

1. 实训目的

1）掌握 SELECT 语句的使用和简单查询方法。

2）掌握条件查询子句的使用。

3）掌握连接查询方法。

4）掌握子查询方法。

2. 实训内容

执行查询语句，分析查询结果。

1）启动 SQL Server 2008 查询编辑器。

2）查询 Assets 数据库的 device_info_tab 表中的所有记录，并按 oper_date 降序排列。

3）查询 Assets 数据库的 device_info_tab 表中生产日期最早的设备信息。

4）在 device_lend_info_tab 表中，查询设备外借超过 3 天的设备外借记录。

5）在 device_lend_info_tab 表中，查询 12 月设备外借过的设备外借记录。

6）在 device_info_tab 表中，查询"实验用"的设备信息。

7）用连接查询在 device_info_tab 表中查询曾经在 11 月份外借过的设备信息。

8）运用子查询完成查询教师"张三"所借设备的信息。

7.7 习题

1. SELECT 语句使用_____、_____、_____指定查询的显示范围，使用_____子句创建新表，使用_____子句指定排序字段，使用_____指定查询条件，使用_____指定分组条件，使用_____指定分组后的查询条件。

2. SELECT 语句对查询结果排序时，使用_____子句指定排序字段，使用_____指定升序，使用_____指定降序。

3. SELECT 语句中的 FROM 子句指定输出数据的来源之处，以下说法不正确的是（   ）。

　　A. 数据源可以是一个或多个表

　　B. 数据源必须是有外键参照的多个表

　　C. 数据源可以是一个或多个视图

　　D. 数据源不能为空表

4. 查询"年龄"情况，条件表达式"年龄>20 AND 年龄<40"表示（   ）。

　　A. 年龄在 20～40 之间（包含 20 和 40）

　　B. 年龄在 20～40 之间（不包含 20 和 40）

　　C. 年龄不在 20～40 之间

D．表达式有错误

5．以下对输出结果的行数没有影响的关键字是（　　　）。

A．HAVING　　　　B．ORDER BY　　　　C．WHERE　　　　D．GROUP BY

6．以下不是比较运算符的是（　　　）。

A．AND　　　　B．ANY　　　　C．ALL　　　　D．SOME

7．下面是聚合函数的是（　　　）。

A．DISTINCT　　　　B．SUM　　　　C．IF　　　　D．TOP

8．在子查询中不支持的是（　　　）。

A．ALL　　　　B．SOME　　　　C．ANY　　　　D．DOWN

9．我们将调用另一个子查询的子查询称为（　　　）。

A．嵌套子查询　　　　B．相关子查询　　　　C．联接　　　　D．结果集

10．基本查询需要哪些内容？

11．条件查询中常用的查询条件有哪些？

12．使用 GROUP BY 子句时需要注意什么？

13．使用子查询时需要注意什么？

14．编写 SELECT 语句，显示 CompanySales 数据库中销售产品数量第一名的员工信息。

15．编写 SELECT 语句，显示 CompanySales 数据库中产品库存小于 10 的产品信息。

第8章 T-SQL 编程基础

SQL（Structured Query Language）是关系数据库的标准语言，它是在 1974 年由 Boyce 和 Chamberlin 提出的。SQL Server 2008 数据库系统的编程语言是 Transact-SQL（简称 T-SQL）语言，这是一种非过程化的语言。本章介绍 Transact-SQL 的标识符、运算符、表达式、函数、变量与常量、流程控制语句及游标的使用。

8.1 T-SQL 基础知识

Transact-SQL 是 SQL 数据库查询语言的一个强大实现，是一种数据定义、数据操作和控制语言，是 SQL Server 中的重要组成元素。

8.1.1 SQL 与 T-SQL

SQL 是一种介于关系代数与关系演算之间的结构化查询语言，其功能不仅仅是查询，它是一个通用的、功能极其强大的关系数据库语言。按实现的功能来分，SQL 可以分为以下 3 类。

1. 数据定义语句

SQL 的数据定义语言（Data Definition Language，DDL）用来定义关系数据库的模式、外模式和内模式，以实现对基本表、视图以及索引文件的定义、修改和删除等操作。

2. 数据操作语句

SQL 的数据操纵语言（Data Manipulation Language，DML）包括数据查询和数据更新两种数据操作语句。其中，数据查询指对数据库中的数据进行查询、统计、分组、排序、检索等操作，数据更新指数据的插入、删除、修改等数据维护操作。

3. 数据控制语句

数据控制指数据的操作权限控制。SQL 通过对数据库用户的授权和收权命令来实现有关数据的存取控制，以保证数据库的安全性。

SQL 语言是关系数据库系统的标准语言，标准的 SQL 语句几乎可以在所有的关系数据库系统中使用，如 Oracle、SQL Server、Sybase 等数据库系统。不同的数据库软件商在采纳 SQL 语言作为自己的数据库的操作语言的同时，又对 SQL 语言进行了不同程度的扩展。Transact-SQL 语言正是微软在其 SQL Server 系列关系数据库系统中的实现。

T-SQL 语言是一系列操作数据库与数据库对象的命令语句，所以需要基本语法元素，主要包括常量和变量、运算符、表达式、流程控制语句、注释等。

8.1.2 T-SQL 语法格式

在 T-SQL 语句中常会用到一些符号，T-SQL 语句的语法格式约定如下：

1. 大写字母

代表 Transact-SQL 中保留的关键字，如 CREATE、SELECT、UPDATE、DELETE 等。

2. 小写字母

代表表达式、标识符等。

3. 竖线"|"

表示参数之间是"或"的关系，用户可以从其中选择使用。

4. 尖括号"<>"

表示其中的内容为实际语义。

5. 大括号"{}"

大括号中的内容为必选项，其中可以包含多个选项，各个选项之间用竖线分隔，用户必须从选项中选择其中一项，大括号不必键入。

6. 方括号"[ ]"

方括号内所列出的项为可选项，用户可以根据需要选择使用。

7. 省略号"[,...n]"

表示前面的项可重复 n 次，每项由逗号分隔。

8. 省略号"[...n]"

表示前面的项可以重复 n 次，每项由空格分隔。

8.2 批处理

批处理是同时从应用程序发送到 SQL Server 并得以执行的一组单条或多条 Transact-SQL 语句。SQL Server 将批处理的语句编译为单个可执行单元，称为执行计划。执行计划中的语句每次执行一条。

如果批处理中的某条语句发生编译错误，则导致批处理中的所有语句都无法执行。但是通过编译的批处理语句，如果在运行时发生错误，则错误的语句之前所执行的语句不受影响（批处理位于事务中并且错误导致事务回滚的情况例外）。

编写批处理时，GO 语句是批处理命令的结束标志，从程序开头或从某一个 GO 语句开始到下一个 GO 语句或程序结束为一个批处理。当编译器读取到 GO 语句时，会把 GO 语句前的所有语句作为一个批处理，并将这些语句打包发送给数据库服务器。

使用批处理的规则如下：

1）CREATE DEFAULT、CREATE FUNCTION、CREATE PROCEDURE、CREATE RULE、CREATE TRIGGER、GREATE VIEW 语句不能在批处理中与其他语句组合使用。

2）如果 EXECUTE 语句是批处理中的第一句，则 EXECUTE 关键字可以省略。如果 EXECUTE 语句不是批处理中的第一条语句，则需要 EXECUTE 关键字。

3）不能在删除一个对象之后，由在同一批处理中再次引用这个对象。

4）不能在定义一个 CHECK 约束之后，立即在同一个批处理中使用。

5）不能把规则和默认值绑定到表字段上之后，立即在同一批处理中使用。

6）不能在修改表中一个字段之后，立即在同一个批处理中引用这个字段。

7）局部变量的作用域限制在一个批处理中，不能在 GO 语句之后再次引用该变量。

8.3 常量和变量

常量是在程序运行过程中保持不变的量；变量是在程序运行过程中，值可以发生变化的量，通常用来保存程序运行过程中的录入数据、中间结果和最终结果。SQL Server 2008 系统中，存在两种类型的变量：一种是系统定义和维护的全局变量；另一种是用户定义以保存中间结果的局部变量。

8.3.1 常量

常量是表示一个特定值的符号，常量的类型取决于它所表示的值的数据类型，可以是日期型、数值型、字符串型等。对于日期型和字符串型常量，使用的时候要用单引号括起来。常量的类型见表 8-1。这里需要注意的是，Unicode 字符串常量与 ASCII 字符串常量相似，但它前面有一个 N 标识符（N 代表 SQL-92 标准中的国际语言（National Language））。N 前缀必须大写，Unicode 数据中的每个字符用两个字节存储，而每个 ASCII 字符用一个字节存储。

表 8-1 常量类型表

常 量 类 型	举 例
ASCII 字符串常量	'12345' '清华大学'
Unicode 字符串常量	N'12345' N'清华大学'
整型常量	123
数值型常量	123.45
浮点数常量	1.23E+4
货币常量	￥123.4
位常量	0、1
日期和时间常量	'2008-5-1 10:08:05'
二进制字符串常量	0x12EA

8.3.2 全局变量

全局变量是由 SQL Server 2008 系统定义并使用的变量，用户不能定义全局变量，只能使用全局变量。全局变量通常存储一些 SQL Server 2008 的配置设置值和性能统计数据，用户可在程序中用全局变量来测试系统的设定值或 Transact-SQL 命令执行后的状态值。引用全局变量时，全局变量的名字前面要使用两个标记符@@。部分常用的全局变量见表 8-2。

表 8-2 部分全局变量

全 局 变 量	含 义
@@VERSION	返回运行 SQL Server 数据库的服务器名称
@@LANGUAGE	返回当前所用语言的名称
@@ROWCOUNT	返回受前一条 SQL 语句影响的行数
@@ERROR	返回执行的上一个 Transact-SQL 语句的错误号

【例 8-1】 使用全局变量@@VERSION 查看当前数据库的版本。

Microsoft SQL Server Management Studio 提供了一个形式自由的文本编辑器，这就是所说的查询编辑器或称为查询分析器，该编辑器以选项卡的窗口的形式存在于右边的文档窗口中，可以在其中键入任何需要的代码。

打开 Microsoft SQL Server Management Studio，在工具栏下单击 ![新建查询(N)] 按钮，在右侧打开的新的查询页中输入下面的 T-SQL 语句，然后单击 ![执行(X)] 执行。

PRINT @@VERSION

执行结果如图 8-1 所示。

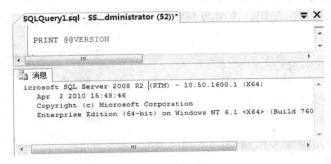

图 8-1　查看当前数据库版本

8.3.3　局部变量

局部变量是用户自定义的变量，作用范围仅在程序内部，一般用于临时存储各种类型的数据，以便在 SQL 语句之间传递。

1）在 T-SQL 语法中使用的局部变量必须以@开头，如@x。局部变量一定是定义后才能使用，语法如下：

　　DECLARE　{@变量名　　数据类型　[(长度)] } [, ... n]

其中，变量名必须遵循 SQL Server 2008 数据库的标识符命名规则；数据类型是 SQL Server 2008 支持的除 TEXT、NTEXT、IMAGE 外的各种数据类型，也可以是用户定义数据类型；系统固定长度的数据类型不需要指定长度。

2）局部变量在定义之后的初始值是 NULL，给变量赋值使用 SET 命令或 SELECT 命令，语法如下：

　　SET　@局部变量名=表达式
　　SELECT　{@局部变量名=表达式} [, ...n]

其中，SET 命令只能一次给一个变量赋值，而 SELECT 命令一次可以给多个变量赋值。两种格式可以通用，建议首选 SET。表达式中可以包括 SELECT 语句子查询，但只能是集合函数返回的单值，且必须用圆括号括起来。

3）使用 PRINT、SELECT 输出局部变量的值，语法如下：

```
PRINT    表达式
SELECT    表达式 1,表达式 2, ...
```

其中，使用 PRINT 只能有一个表达式，其值在查询后的"消息"窗口中显示；使用 SELECT 相当于进行无数据源检索，可以有多个表达式，其结果在查询后的"网格"子窗口中显示；在一个脚本中，最好不要混合使用两种输出方式，因为这样的话需要切换两个窗口来查看输出结果。

4）局部变量的作用域是在一个批处理、一个存储过程或一个触发器内，其生命周期从定义开始到它遇到的第一个 GO 语句或者到存储过程、触发器的结尾结束，即局部变量只在当前的批处理、存储过程、触发器中有效。

【例 8-2】 局部变量的使用。声明两个变量 x 和 d，分别给其赋值后输出查看结果。

代码清单如下：

```
DECLARE @x int,@d datetime
SET @x=5
SELECT @d=getdate()
SELECT    @x,@d
```

在查询页中输入以上代码，单击 ! 执行(X) 按钮，执行结果如图 8-2 所示。

图 8-2   局部变量的应用

8.4   运算符与表达式

表达式是由变量、常量、运算符、函数等组成的，可以在查询语句中的任何位置使用。

运算符是在表达式中执行各项操作的一种符号。SQL Server 2008 提供的运算符包括算术运算符、比较运算符、逻辑运算符、字符串连接运算符等。

1．算术运算符

算术运算符用于对表达式进行数学运算，表达式中的各项可以是数值数据类型中的一个或多个数据类型。算术运算符见表 8-3，均为双目运算符。

表 8-3   算术运算符

运　算　符	含　义
+（加）	加法
-（减）	减法
*（乘）	乘法
/（除）	除法
%（模）	求模，返回一个除法运算的整数余数

2．比较运算符

比较运算符用于比较表达式中的两项，计算结果为布尔数据类型 True 或 False，可用在查询语句中的 WHERE 或 HAVING 子句中，见表 8-4。

表 8-4　比较运算符

运　算　符	含　　义	运　算　符	含　　义
>（大于）	大于	=（等于）	等于
>=（大于等于）	大于或等于	<>、!=（不等于）	不等于
<（小于）	小于	!>（不大于）	不大于
<=（小于等于）	小于或等于	!<（不小于）	不小于

3．逻辑运算符

逻辑运算符用于对某些条件进行测试，以获得真实情况，其输出结果为 True 或 False。
逻辑运算符见表 8-5。

表 8-5　逻辑运算符

运　算　符	含　　义
NOT	对任何布尔运算符取反
AND	两个布尔表达式都为 True，与运算后的结果才为 True
OR	两个布尔表达式中一个为 True，或运算后的结果就为 True
BETWEEN	如果操作数在某个范围之内，那么结果为 True
IN	如果操作数等于表达式列表中的一个，那么结果为 True
ALL	如果一组的比较都为 True，则比较结果为 True
ANY	如果一组的比较中任何一个为 True，则结果为 True
EXISTS	如果子查询中包含了一些行，那么结果为 True
SOME	如果在一组比较中，有些比较为 True，那么结果为 True
LIKE	如果操作数与一种模式相匹配，那么就为 True

LIKE 运算符通常需要用到一些通配符，条件表达式如下：

字符串表达式　[not]　like　'通配符'

其中，通配符包括以下几种。

- "%"：代表 0 个或多个字符的任意字符串。
- "_"：代表单个任意字符。
- "[abcd]"：代表指定字符中的任何一个单字符（取所列字符之一）。
- "[^abcd]"：代表不在指定字符中的任何一个单字符。

另外，所有通配符都必须在 LIKE 子句中使用才有意义，否则被当作普通字符处理。

4．字符串连接运算符

字符串连接运算符是加号 "+"，使用字符串连接运算符可以将多个字符串连接起来，形
成新的字符串。字符串连接符可操作的数据类型包括 char、varchar、text、nchar、nvarchar、
ntext 等。

8.5　T-SQL 函数

函数为数据库用户提供了强大的功能，使用户不需要编写很多的代码就能完成某些操

作，函数在程序设计中是必不可少的。SQL Server 2008 提供了许多内置函数，同时也允许创建用户自定义函数。本节主要介绍系统的内置函数，包括数学函数、字符串函数、日期函数、聚合函数等。

1. 数学函数

数学函数用于对数值表达式进行数学运算并返回运算结果。常用的数学函数见表 8-6。所列出的数学函数除 RAND 以外，所有的都为确定性函数，这意味着在每次使用特定的输入值集调用这些函数时，它们都将返回相同的结果。仅当指定种子参数时，RAND 才是确定性函数。

表 8-6　常用数学函数表

函　数	功　能	示　例
ABS（数值型表达式）	返回指定数值表达式的绝对值的数学函数	ABS(-1.3)，结果为 1.3
ACOS（FLOAT 型表达式）	返回其余弦是所指定的 float 表达式的角（弧度），也称为反余弦	ACOS(0.5)，结果为 1.0472
ASIN（FLOAT 型表达式）	返回以弧度表示的角，其正弦为指定的 float 表达式，也称为反正弦	ASIN(0.5)，结果为 0.523599
ATAN（FLOAT 型表达式）	返回以弧度表示的角，其正切为指定的 float 表达式，也称为反正切	ATAN(1.5)，结果为 0.982794
ATN2（FLOAT 型表达式，FLOAT 型表达式）	返回以弧度表示的角，该角位于正 x 轴和原点至点 (y,x)的射线之间，其中 x 和 y 是两个指定的浮点表达式的值	ATN2(35.175643,129.44)，结果为 0.265345
CEILING（数值型表达式）	返回大于或等于指定数值表达式的最小整数	CEILING(123.45)，结果为 124
COS（FLOAT 型表达式）	返回指定表达式中以弧度表示的指定角的三角余弦	COS(14.78)，结果为-0.599465
COT（FLOAT 型表达式）	返回指定的 float 表达式中所指定角度的三角余切值	COT(124.1332)，结果为-0.040312
DEGREES（数值型表达式）	返回以弧度指定的角的相应角度	DEGREES(PI()/2)，结果为 90
EXP（FLOAT 型表达式）	返回指定的 float 表达式的指数值	EXP(0)，结果为 1
FLOOR（数值型表达式）	返回小于或等于指定数值表达式的最大整数	FLOOR(123.45)，结果为 123
LOG（FLOAT 型表达式）	返回指定 float 表达式的自然对数	LOG(10)，结果为 2.30259
LOG10（FLOAT 型表达式）	返回指定 float 表达式的以 10 为底的对数	LOG10(145.175643)，结果为 2.16189
PI()	返回圆周率 PI 的常量值	PI()，结果为 3.14159265358979
POWER（FLOAT 型表达式）	返回指定表达式的指定幂的值	POWER(4,3)，结果为 64
RADIANS（数值型表达式）	对于在数值表达式输入的度数值返回弧度值	RADIANS(60)，结果为 1
RAND（整型表达式）	返回从 0~1 之间的随机 float 值	RAND()，每次将返回随机 float 值
ROUND（数值型表达式，整数）	返回一个数值，舍入到指定的长度或精度	ROUND(123.9994,3)，结果为 123.9990
SIGN（数值型表达式）	返回指定表达式的正号（+1）、零（0）或负号（-1）	SIGN(-123.45)，结果为-1
SIN（FLOAT 型表达式）	以近似数字表达式返回指定角度（弧度为单位）的三角正弦值	SIN(45.175643)，结果为 0.929607
SQRT（FLOAT 型表达式）	返回指定浮点值得平方根	SQRT(144)，结果为 12
SQUARE（FLOAT 型表达式）	返回指定浮点值得平方	SQUARE(12)，结果为 144
TAN（FLOAT 型表达式）	返回输入表达式的正切值	TAN(PI()/2)，结果为 1.63312e+016

2. 字符串函数

字符串函数对字符串（char 或 varchar）输入值执行运算，可以实现字符之间的转换、查找、截取等操作，返回一个字符串或数字值。常用的字符串函数见表8-7所示。

表8-7　常用字符串函数表

函　数	功　能	示　例
UPPER（字符串表达式）	将字符串表达式全部转化为大写形式	UPPER('hello')，结果为HELLO
LOWER（字符串表达式）	将字符串表达式全部转化为小写形式	LOWER('HELLO')，结果为hello
SPACE（整型表达式）	生成由给定整数个空格组成的字符串	SPACE(2)，产生两个空格
RIGHT（字符串表达式,整型表达式）	返回字符串右边给定整数长度的字符串	RIGHT('Mountain Bike',4)，结果为Bike
REPLICATE（字符串表达式,整型表达式）	返回多次复制后的字符串表达式	REPLICATE('Mountain Bike',2)，结果为Mountain BikeMountain Bike
REVERSE（字符串表达式,整型表达式）	返回一个与给定字符串反序的字符串	REVERSE('Mountain Bike')，结果为ekiB niatnuoM
SUBSTRING（字符串表达式,起点,整型表达式）	返回字符串从起点位置开始的给定整数个字符串	SUBSTRING('abcdef',2,3)，结果为bcd
LTRIM（字符串表达式）	删除字符串左边的空格	LTRIM(' HELLO')，结果为HELLO
RTRIM（字符串表达式）	删除字符串右边的空格	RTRIM('HELLO ')，结果为HELLO
ASCII（字符表达式）	返回字符的ASCII值	ASCII('HELLO')，结果为72
CHAR（整型表达式）	将给定的整数值按ASCII码值转换成字符	CHAR(72)，结果为H

这里，功能说明中得到的字符串或子字符串是函数返回值，原字符串内容不变。

3．日期函数

使用日期和时间函数，可以方便地进行日期和时间的显示、比较、修改和格式转换，返回字符串、数值或者日期时间值。表8-8列出了常用的日期函数。

表8-8　常用日期和时间函数表

函　数	功　能	示　例
DAY（date型表达式）	返回一个表示指定的日期是该月份的哪一天的整数	DAY('06/20/2009')，结果为20
MONTH（date型表达式）	返回表示指定日期的月份的整数	MONTH('06/20/2009')，结果为6
YEAR（date型表达式）	返回一个表示指定的日期的年份的整数	YEAR('06/20/2009')，结果为2009
GETDATE()	返回当前的系统日期时间	GETDATE()，结果为06 20 2009 12:57AM
DATEPART（datepart, DATE型表达式）	以整数形式返回给定的日期数据的指定部分	GETDATE(mm,GETDATE())，结果为6
DATENAME（datepart, DATE型表达式）	以字符串形式返回给定的日期数据的指定部分	DATENAME(hh, '12:10:30.123')，结果为12
DATEDIFF（datepart,startdate,enddate）	返回跨两个指定日期的日期和时间边界数	DATEDIFF(dd, '06/10/2009', '06/20/2009')，结果为10
DATEADD（datepart,startdate,enddate）	在给定的日期加上一段时间的基础上，返回新的DATETIME值	DATEADD(mm,3, '2009-06-20')，结果为09 20 2009 12:00AM

4．聚合函数

聚合函数，也可称为聚集函数，方便用户进行特定的查询，实现对一组值执行计算并返回单一值。聚合函数经常与SELECT语句的GROUP BY子句一同使用。常用的聚合函数见表8-9，具体应用在数据库查询章节中详细介绍。

表 8-9　常用的聚合函数

函　　数	功　　能
AVG	求平均值
COUNT	统计数目
MAX	求最大值
MIN	求最小值
SUM	求和

8.6　流程控制语句

流程控制语句用于控制 SQL 语句、语句块的执行顺序，完成复杂的应用程序设计。Transact-SQL 中的流程控制语句有如下几种。

8.6.1　BEGIN…END 语句

应用 BEGIN…END 语句可以将多条 Transact-SQL 语句封装成一个语句块，作为一个整体处理。语法格式如下：

```
BEGIN
    < SQL 语句或程序块 >
END
```

BEGIN…END 语句可以嵌套使用。

无论多少条语句，只要放在 BEGIN…END 中就构成一个独立的语句块，被系统当作一个整体单元来处理。

8.6.2　IF…ELSE 语句

IF…ELSE 语句为条件判断语句，当程序中的语句不是顺序执行的，而是依赖于程序运行的中间结果，在这种条件下，必须根据某个变量或者表达式的值作出判断，决定执行哪些语句或者不执行哪些语句。语法格式如下：

```
IF< 条件表达式 >
    < 命令行或语句块 1 >
[ ELSE
< 命令行或语句块 2 >]
```

其中，<条件表达式>的值必须是 True 或 False；<命令行或语句块>可以是任何 Transact-SQL 语句或用语句块定义的语句分组。当<条件表达式>为 True 时，执行 <命令行或语句块 1>，当<条件表达式>为 False 时，执行 <命令行或语句块 2>；除非使用语句块，否则 IF 或 ELSE 条件只能影响一个 Transact-SQL 语句的性能。语句块使用关键字 BEGIN 和 END。

【例 8-3】　根据现在的日期，显示月份上旬或下旬。

在查询页中输入代码，单击 ⏱执行(x) 按钮，执行结果如图 8-3 所示。

图 8-3　IF…ELSE 语句的应用

8.6.3 CASE…END 语句

CASE…END 语句根据不同的条件返回不同的值，提供了比 IF…ELSE 语句更多的选择和判断机会，使用它可以避免复杂的 IF…ELSE 语句嵌套，轻松实现多分支判断。CASE…WHEN 语句有以下两种格式。

第一种格式如下，称作简单 CASE…END：

```
CASE < 算术表达式 >
    WHEN < 常量值 1 >   THEN< 结果表达式 1 >
[ { WHEN < 常量值 2 >      THEN< 结果表达式 2 >}
  [ …n ]
]
[ ELSE   < 结果表达式 n >]
END
```

执行的过程如下：

1）先计算算术表达式的值，将算术表达式的值依次与 WHEN 语句指定的各个常量值进行比较。

2）如果找到了第一个相等的常量值，则整个 CASE 表达式取相应 THEN 语句指定的结果表达式的值，之后跳出 CASE…END 结构。

3）如果找不到相等的常量值，则选取 ELSE 指定的结果表达式的值。

4）若没有使用 ELSE，且找不到相等的常量值，则返回 NULL。

【例 8-4】 重新表示员工的性别，用"1"表示"男"，"0"表示"女"。

```
USE    CompanySales
SELECT   姓名=EmployeeName, 性别=CASE Sex
                            WHEN '男' THEN 1
                            WHEN '女' THEN 0
                            END

    FROM Employee
```

在查询页中输入以上代码，单击 ![执行(X)] 按钮，运行结果如图 8-4 所示。

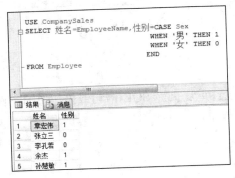

图 8-4　简单 CASE…END 语句应用

第二种格式如下，称作搜索 CASE…END：

```
CASE
    WHEN <条件表达式1>   THEN <结果表达式1>
[ { WHEN <条件表达式2>   THEN <结果表达式2> }
  [ ...n ]
]
[ ELSE   <结果表达式 n > ]
END
```

可见，搜索 CASE...END 语句与简单 CASE...END 语句的语法区别是 CASE 后面没有算术表达式，WHEN 指定的不是常量值而是条件表达式。

在执行过程中，按顺序依次判断 WHEN 所指定条件表达式的值，遇到第一个为真的条件表达式，则整个 CASE 表达式取对应 THEN 指定的结果表达式的值，之后退出 CASE...END 结构。其他步骤与简单 CASE...END 相同。

【例 8-5】 按照月份划分所处季节。

```
DECLARE @s DATETIME
SET @s=GETDATE()
SELECT 季节=CASE
            WHEN DATEPART(mm,@s)>=12 OR DATEPART(mm,@s)<=2 THEN '冬天'
            WHEN DATEPART(mm,@s)>=10 THEN '秋天'
            WHEN DATEPART(mm,@s)>=5 THEN '夏天'
            WHEN DATEPART(mm,@s)>=3 THEN '春天'
          END
```

在查询页中输入以上代码，单击 ❗执行(X) 按钮，运行结果如图 8-5 所示。

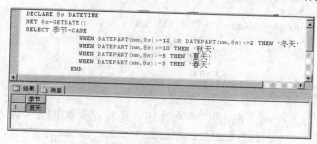

图 8-5   搜索 CASE...END 语句应用

8.6.4   WHILE 语句

WHILE 循环语句可以设置重复执行 SQL 语句或语句块的条件，只要指定的条件满足，就重复执行语句。语法格式如下：

```
WHILE < 条件表达式 >
BEGIN
  < 循环体语句 >
  [ BREAK ]
  ...
```

```
[ CONTINUE ]
    ...
END
```

执行过程：先计算判断条件表达式的值。

1）如果条件为真，则执行 BEGIN...END 之间的循环体语句，执行至 END 时返回到 WHILE 再次判断条件表达式的值。

2）如果条件为假，则不执行循环体语句。

3）执行过程中，BREAK 命令让程序完全跳出循环语句，结束 WHILE 语句。

4）遇到 CONTINUE 命令，则结束本次循环，返回到 WHILE 再次判断条件表达式的值。

【例 8-6】　计算 1+2+3+...+100 的结果。

```
DECLARE @i INT,@sum INT
SELECT @i=1,@sum=0
WHILE @i<=100
BEGIN
    SELECT @sum=@sum+@i
    SELECT @i=@i+1
END
PRINT '1+2+3+...+n 的和是:'
PRINT @sum
```

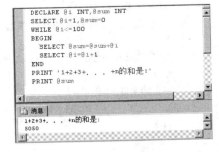

图 8-6　WHILE 语句的应用

在查询页中输入以上代码，单击 执行(X) 按钮，运行结果如图 8-6 所示。

8.6.5　WAITFOR 语句

WAITFOR 暂停执行语句用来暂时停止程序执行，直到所设定的等待时间已过或所设定的时刻已到，才继续往下执行。语法如下：

WAITFOR { DELAY < '时间' > | TIME < '时间' > }

其中，

DELAY：用来设定等待的时间间隔，最多可达 24 小时。

TIME：用来设定等待结束的时间点。

<时间>：必须为 DATETIME 类型数据，延迟时间和时刻均采用"HH:MM:SS"格式。

【例 8-7】　比较下面两种表示暂停的执行方式。

WAITFOR DELAY '00:12:15'

表示距离当前时间延迟 12 分 15 秒后程序继续执行。

WAITFOR TIME '00:12:15'

表示零点 12 分 15 秒的时刻程序继续执行。

8.6.6　注释

注释是在程序设计中经常要使用的一种文本字符串，是在程序代码中不执行的部分，是

127

对程序的说明。恰当使用注释可以提高程序的可读性，使程序代码更易于维护。

SQL Server 支持以下两种方式的注释。

1）"--"：行注释，以两个减号开始直到本行结束的全部内容是注释部分。可以单独一行，也可以跟在 SQL 语句之后，允许嵌套使用。

2）"/*... */"：块注释，以 "/*" 作为注释文字的开头，"*/" 作为注释文字的结尾，其间无论多少行内容，都被作为注释部分。块注释可以从一行开头开始，也可以跟在 SQL 语句之后，注释内容中允许有 "/*" 字符组合，但是不允许 "*/" 的组合。

【例 8-8】 注释的使用。

```
/*
程序编号: eg5-10
程序说明: 查询所有的员工信息
*/
USE CompanySales        --打开数据库
GO
--查询员工信息
SELECT  *  FROM  Employee
GO
```

8.7　游标的使用

关系数据库中的操作会对整个行集起作用。由 SELECT 语句返回的行集包括满足该语句的 WHERE 子句中条件的所有行。这种由语句返回的完整行集称为结果集。应用程序，特别是交互式联机应用程序，并不总能将整个结果集作为一个单元来有效地处理。这些应用程序需要一种机制以便每次处理一行或一部分行。游标就是提供这种机制的对结果集的一种扩展。

8.7.1　游标概述

在数据库中，游标是一个十分重要的概念。游标提供了一种对从表中检索出的数据进行操作的灵活手段。就本质而言，游标是一种能从包含多条数据记录的结果集中每次提取一条记录的机制。用户可以通过单独处理每一行来逐条收集信息并对数据逐行进行操作。

数据库中的游标类似于高级语言中的指针。一个游标是一个对象，它可以指向一个集合中的某个特定的数据行，并执行用户给定的操作。

游标通过以下方式来扩展结果处理：

1）允许定位在结果集的特定行。

2）从结果集的当前位置检索一行或一部分行。

3）支持对结果集中当前位置的行进行数据修改。

4）为由其他用户对实现在结果集中的数据库数据所做的更改提供不同级别的可见性支持。

5）提供脚本、存储过程和触发器中用于访问结果集中的数据的 Transact-SQL 语句。

Microsoft SQL Server 支持 3 种游标实现：

1．Transact-SQL 游标

基于 DECLARE CURSOR 语法，主要用于 Transact-SQL 脚本、存储过程和触发器。Transact-SQL 游标在服务器上实现并由从客户端发送到服务器的 Transact-SQL 语句管理，它们还可能包含在批处理、存储过程或触发器中。

2．应用程序编程接口（API）服务器游标

支持 OLE DB 和 ODBC 中的 API 游标函数。API 服务器游标在服务器上实现。每次客户端应用程序调用 API 游标函数时，SQL Server Native Client OLE DB 访问接口或 ODBC 驱动程序会把请求传输到服务器，以便对 API 服务器游标进行操作。

由于 Transact-SQL 游标和 API 服务器游标都在服务器上实现，所以它们统称为服务器游标。

3．客户端游标

由 SQL Server Native Client ODBC 驱动程序和实现 ADO API 的 DLL 在内部实现。客户端游标通过在客户端高速缓存所有结果集行来实现。每次客户端应用程序调用 API 游标函数时，SQL Server Native Client ODBC 驱动程序或 ADO DLL 会对客户端上高速缓存的结果集行执行游标操作。

8.7.2　游标的基本操作

使用游标有 5 个基本步骤：声明游标、打开游标、提取数据、关闭游标和释放游标。

1．声明游标

在使用游标之前，首先需要声明游标。使用 DECLARE CURSOR 语句可以定义 Transact-SQL 服务器游标的属性，例如游标的滚动行为和用于生成游标所操作的结果集查询。具体的语法形式如下：

DECLARE cursor_name [INSENSITIVE] [SCROLL] CURSOR
      FOR select_statement
      [FOR { READ ONLY | UPDATE [OF column_name1 ,column_name2 ,...] }]

其中，

cursor_name：所定义的 Transact-SQL 服务器游标的名称且必须符合标识符的命名规则。

INSENSITIVE：定义一个游标，以创建将由该游标使用的数据的临时复本。

SCROLL：制定所有的提取选项（FIRST、LAST、PRIOR、NEXT、RELATIVE、ABSOLUTE）均可用。FIRST 取第一行数据；LAST 取最后一行数据；PRIOR 取前一行数据；NEXT 取后一行数据；RELATIVE 按相对位置取数据；ABSOLUTE 按绝对位置取数据。

select_statement：定义游标结果集的标准 SELECT 语句。在游标声明的 select_statement 中不允许使用关键字 COMPUTE、COMPUTE BY 和 INTO。

READ ONLY：禁止通过该游标进行更新。

UPDATE [OF column_name1 ,column_name2 ,...]：定义游标中可更新的列。如果指定了

OF column_name1 ,column_name2 ,…，则只允许修改所列出的列。如果指定了 UPDATE，但为指定列的列表，则可以更新所有列。

【例 8-9】 声明一个游标 cursor1，语句使用：

```
DECLARE cursor1 SCROLL CURSOR
    FOR
    SELECT * FROM Employee
```

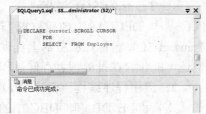

图 8-7　声明游标 "cursor1"

在查询页中输入以上代码，单击 ! 执行(X) 按钮，执行结果如图 8-7 所示。

2．打开游标

在使用游标提取数据之前，需要先将游标打开，其语法如下：

OPEN { { [GLOBAL] cursor_name } | cursor_variable_name }

其中，

GLOBAL：指定 cursor_name 是全局游标。

cursor_name：已声明的游标的名称。如果全局游标和局部游标都使用 cursor_name 作为其名称，那么如果指定了 GLOBAL，则 cursor_name 指的是全局游标；否则 cursor_name 指的是局部游标。

cursor_variable_name：游标变量的名称，该变量引用一个游标。

例如，打开在【例 8-9】中创建的游标 cursor1：

```
OPEN cursor
```

在游标打开后，可以使用全局变量@@CURSOR_ROWS 查看打开的游标的数据行。

例如，查看游标 "cursor1" 返回的行数，语句使用：

```
SELECT @@CURSOR_ROWS 'cursor1 游标行数'
```

在查询页中输入以上代码，单击 ! 执行(X) 按钮，执行结果如图 8-8 所示。

图 8-8　游标行数显示结果

3．提取数据

游标打开之后，用户便可以使用游标提取某一行的数据。FETCH 语句可以通过 Transact-SQL 服务器游标检索特定行，其语法如下：

FETCH
**　[[NEXT | PRIOR | FIRST | LAST | ABSOLUTE { n | @nvar } | RELATIVE { n | @nvar }]**
FROM
**　]**
**　　　{ { [GLOBAL] cursor_name } | @cursor_variable_name }**
**　　　[INTO @variable_name1,@variable_name2, …]**

其中，

NEXT：紧跟当前行返回结果行，并且当前行递增为返回行。如果 FETCH NEXT 为对游标的第一次提取操作，则返回结果集中的第一行。NEXT 为默认的游标提取选项。

PRIOR：返回紧邻当前行前面的结果行，并且当前行递减为返回行。如果 FETCH PRIOR 为对游标的第一次提取操作，则没有行返回并且游标置于第一行之前。

FIRST：返回游标中的第一行并将其作为当前行。

LAST：返回游标中的最后一行并将其作为当前行。

ABSOLUTE｛n｜@nvar｝：如果 n 或@nvar 为正，则返回从游标头开始向后的第 n 行，并将返回行变成新的当前行；如果 n 或@nvar 为负，则返回从游标末尾开始向前的第 n 行，并将返回行变成新的当前行；如果 n 或@nvar 为 0，则不返回行。n 必须是整数常量，并且@nvar 的数据类型必须为 smallint、tinyint 或 int。

RELATIVE｛n｜@nvar｝：如果 n 或@nvar 为正，则返回从当前行开始向后的第 n 行，并将返回行变成新的当前行；如果 n 或@nvar 为负，则返回从当前行开始向前的第 n 行，并将返回行变成新的当前行；如果 n 或@nvar 为 0，则返回当前行；在对游标进行第一次提取时，如果在将 n 或@nvar 设置为负数或 0 的情况下指定 FETCH RELATIVE，则不返回行。n 必须是整数常量，@nvar 的数据类型必须为 smallint、tinyint 或 int。

INTO @variable_name1,@variable_name2, …：允许将提取操作的列数据放到局部变量中。列表中的各个变量从左到右与游标结果集中的相应列相关联。各变量的数据类型必须与相应的结果集列的数据类型匹配，或是结果集列数据类型所支持的隐式转换。变量的数目必须与游标选择列表中的列数一致。

在提取数据过程中，常常需要用到全局变量@@FETCH_STATUS 返回针对连接当前打开的任何游标发出的上一条游标 FETCH 语句的状态，其返回值为整型 0、-1、-2。返回值 0 表明 FETCH 语句成功；返回值-1 表明 FETCH 语句失败或行不在结果集中；返回值-2 表明提取的行不存在。

【例 8-10】 在简单的游标中使用 FETCH，遍历游标结果集。

```
USE CompanySales
GO
DECLARE employee_cursor CURSOR
    FOR
    SELECT EmployeeName FROM Employee
    WHERE DepartmentID=3
    ORDER BY Salary
OPEN employee_cursor                          --打开游标
FETCH NEXT
FROM employee_cursor                          --执行第一次提取
WHILE @@FETCH_STATUS=0                         --判断是否可以继续提取
BEGIN
    FETCH NEXT FROM employee_cursor
END
CLOSE employee_cursor                         --关闭游标
DEALLOCATE employee_cursor                    --释放游标
GO
```

在查询页中输入以上代码，单击 ❗执行(X) 按钮，运行结果如图 8-9 所示。

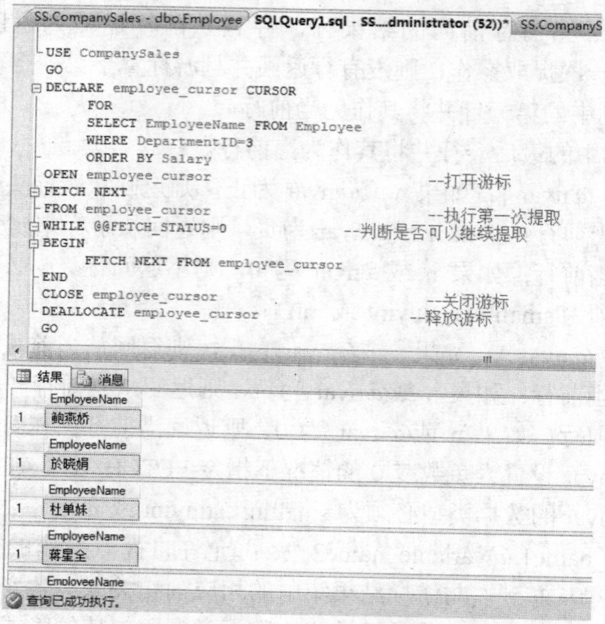

图 8-9 【例 8-10】运行结果

【例 8-11】 类似于【例 8-10】,但 FETCH 语句的输出存储于局部变量而不是直接返回到客户端。PRINT 语句将变量组合成单一字符串并将其返回到客户端。

```
USE Library
GO
DECLARE @name varchar(8)                    --声明变量存放 FETCH 返回的值
DECLARE user_cursor1 CURSOR                 --声明游标
    FOR
    SELECT UserName FROM UserTb
    WHERE CateName='研究生'
    ORDER BY UserReg
OPEN user_cursor1                           --打开游标
FETCH NEXT
FROM user_cursor1                           --执行第一次提取并保存在变量中
    INTO @name
WHILE @@FETCH_STATUS=0                       --判断是否可以继续提取
BEGIN
    PRINT '读者名: '+@name
    FETCH NEXT FROM user_cursor1
    INTO @name
END
CLOSE user_cursor1                          --关闭游标
DEALLOCATE user_cursor1                     --释放游标
GO
```

在查询页中输入以上代码,单击 ▶执行(x) 按钮,运行结果如图 8-10 所示。

```
SS.CompanySales - dbo.Employee   SQLQuery1.sql - SS...dministrator (52))*   SS.CompanySales - dbo.Sell_C

    USE CompanySales
    GO
    DECLARE @name varchar(8)                    --声明变量存放FETCH返回的值
    DECLARE employee_cursor1 CURSOR             --声明游标
        FOR
        SELECT EmployeeName FROM Employee
        WHERE DepartmentID=3
        ORDER BY Salary
    OPEN employee_cursor1                       --打开游标
    FETCH NEXT                                  --执行第一次提取并保存在变量中
    FROM employee_cursor1
        INTO @name
    WHILE @@FETCH_STATUS=0                      --判断是否可以继续提取
    BEGIN
        PRINT '员工姓名：'+@name
        FETCH NEXT FROM employee_cursor1
        INTO @name
    END
    CLOSE employee_cursor1                      --关闭游标
    DEALLOCATE employee_cursor1                 --释放游标
    GO

消息
员工姓名：鲍燕桥
员工姓名：於晓娟
员工姓名：杜单妹
员工姓名：蒋星全
```

图 8-10 【例 8-11】运行结果

【例 8-12】 声明 SCROLL 游标并使用其他 FETCH 选项。

```
USE Library
GO
SELECT UserName FROM UserTb              --单独执行查询语句作为使用游标的参照
ORDER BY UserReg
DECLARE user_cursor2 SCROLL CURSOR      --声明游标
    FOR
    SELECT UserName FROM UserTb
    ORDER BY UserReg
OPEN user_cursor2                        --打开游标
FETCH LAST FROM user_cursor2            --从游标中提取数据集中的最后一条记录
FETCH PRIOR FROM user_cursor2          --从游标中提取当前数据行的前一条记录
FETCH ABSOLUTE 2 FROM user_cursor2     --从游标中提取数据集中的第二条记录
FETCH RELATIVE 3 FROM user_cursor2     --从游标中提取当前数据行的后三条记录
FETCH RELATIVE -2 FROM user_cursor2    --从游标中提取当前数据行的前两条记录
CLOSE user_cursor2                      --关闭游标
DEALLOCATE user_cursor2                 --释放游标
GO
```

在查询页中输入以上代码，单击 ![执行(X)] 按钮，运行结果如图 8-11 所示。

4．关闭游标

打开游标之后，SQL Server 服务器会专门为游标开辟一定的内存空间存放游标操作的数据结果集，同时游标的使用也会根据具体情况对某一些数据进行封锁。所以，在不使用游标的时候一定要关闭，以通知服务器释放游标所占的资源。

使用 CLOSE 语句释放当前结果集，然后解除定位游标行上的游标锁定，从而关闭一个开放的游标。CLOSE 将保留数据结构以便重新打开，但在重新打开游标之前，不允许提取和

图 8-11 【例 8-12】运行结果

定位更新。必须对打开的游标发布 CLOSE，不允许对仅声明或已关闭的游标执行 CLOSE。

关闭游标的语法如下：

      CLOSE { { [GLOBAL] cursor_name } | cursor_variable_name }

其中，

GLOBAL：指定 cursor_name 是全局游标。

cursor_name：打开的游标的名称。

cursor_variable_name：与打开的游标关联的游标变量的名称。

CLOSE 语句用来关闭游标，释放 SELECT 语句的查询结果。

例如，关闭已经打开的游标 cursor1：

      CLOSE cursor1

5．释放游标

游标结构本身会占用一定的计算机资源，所以在使用完游标后为了回收被游标占用资源，应该将游标释放。

释放游标使用 DEALLOCATE 语句，语法格式如下：

      DEALLOCATE { { [GLOBAL] cursor_name } | @cursor_variable_name }

例如，用下列语句可以释放游标 cursor1：

      DEALLOCATE cursor1

8.8　实训——T-SQL 编程

1．实训目的

1）熟悉 Transact-SQL 的语法格式。

2）熟练使用常用的数据类型和系统内置函数。

3）理解游标的意义，掌握游标的定义、打开、提取数据、关闭和删除，正确使用游标。

2．实训内容

1）编写一段脚本，求出 1～10000 所有能被 123 整除的整数。

2）用 T-SQL 流程控制语句编写程序，求两个数的最大公约数和最小公倍数。

提示：可以用辗转相除法来求。

● 用辗转相除法求最大公约数。

算法描述：

m 对 n（在这里，m>n）求余为 r，若 r 不等于 0，则 m←n，n←r，继续求余；否则 n 为最大公约数

● 最小公倍数=两个数的积/最大公约数。

3）使用游标实现以报表形式显示 Assets 数据库的 device_lend_info_tab 表中外借时间超

过 3 天的设备信息。

8.9 习题

1. 函数分为系统内置函数和_____。

2. 数学函数的变量为数值常量、数值变量或_____。

3. 删除字符串右端空格后的字符串函数是_____。

4. SQL Server 内置函数分为数学函数、_____、日期时间函数和_____。

5. 返回字符串在起、止位置之间的子串的函数是_____。

6. 在条件结构的语句中，关键字 IF 和 ELSE 之间及 ELSE 之后，可以使用_____语句，也可以使用具有_____格式的语句。

7. 逻辑运算符中优先级最高的是（   ）。

    A．OR   B．AND   C．NOT   D．没有优先级

8. 不是 SQL 语言功能的是（   ）。

    A．数据定义语句   B．数据循环语句

    C．数据控制语句   D．数据操纵语句

9. 以下函数中，返回字符串类型数据的是（   ）。

    A．COUNT   B．SUM   C．ROUND   D．STR

10. 下列常量中，不属于字符串常量的是（   ）。

    A．'您好'   B．'hello everyone'   C．N'您好'   D "GOOD"

11. T-SQL 中支持的流程控制语句的一种为（   ）。

    A．IF…THEN…ELES   B．BEGIN…END

    C．DO CASE   D．DO WHILE

12. 语句 SELECT ROUND(123.45678,2)的执行结果是（   ）。

    A．123.45   B．123.45000   C．123.46000   D．123.46

13. 语句 SELECT LEN('123.45678,2')的执行结果是（   ）。

    A．9   B．123   C．11   D．语句错误

14. 语句 SELECT DATEPART(MM,'2009-5-10')的执行结果是（   ）。

    A．2009   B．5   C．10   D．语句错误

15. 语句 SELECT SUBSTRING('SQL_SERVER2008',3,8)的执行结果是（   ）。

    A．LSERVER2   B．L_SERV   C．L_SERVER   D．语句错误

16. 什么是游标？它的作用是什么？

17. 使用游标的过程是什么？

18. WAITFOR 语句中的 DELAY 与 TIME 的不同之处在哪里？

19. T-SQL 提供几种类型的注释方式？

20. 如何识别一个批处理？

21. 根据下面给出的程序描述程序功能及各步骤的含义。

    DECLARE @i int

```
DECLARE @j int
SET @i=1
WHILE @i<20
    BEGIN
        SET @j=1
        WHILE @j <@i
            BEGIN
                SET @j =@j +1
                IF @i %@j =0
                  BEGIN
                   BREAK
                  END
                ELSE
                  IF @j =@i -1
                    BEGIN
                       PRINT @i
                       BREAK
                    END
                  ELSE
                    CONTINUE
              END
          SET @i =@i +1
      END
```

第9章　视图与索引

在对数据库进行操作时，用户总是希望能够快速并准确地得到所要求的数据，而适当使用视图和索引可以提高数据存取的性能及操作速度，加快查询数据的效率。

本章将详细介绍视图和索引的概念，以及创建和管理索引和视图的方法。

9.1　视图的基础知识

视图是一个虚拟表，其内容由查询定义。同真实的表一样，视图包含一系列带有名称的列和行数据。视图实际上就是给查询语句指定一个名字，将查询语句定义为一个独立的对象保存。

9.1.1　视图的概念

视图是从一个或多个基本表中导出的表，其结构是建立在对表的查询基础上的，但从本质上来说，视图不是真实存在的表，而是一张虚拟表，视图所对应的数据并不实际地存储在数据库中，而是存储在视图所引用的基本表中。行和列数据来自由定义视图的查询所引用的表，并且在引用视图时动态生成。可以这样给视图下一个定义：

视图是基于一个或多个数据表的动态数据集合，是一个逻辑上的虚拟数据表。

视图被定义后便存储在数据库中，对视图的操作与对表的操作一样，可以对其进行查询、修改和删除，并且可以在视图的基础上再定义视图。

对其中所引用的基础表来说，视图的作用类似于筛选。定义视图的筛选可以来自当前或其他数据库的一个或多个表，或者其他视图。

9.1.2　视图的作用

使用视图主要有以下几个方面的作用：

1. 简化用户操作

视图可以简化用户对数据的理解，可能有些使用数据库的用户不能熟练掌握数据库的查询操作，尤其是多表的连接查询，那么可以把经常要使用的查询定义为视图，使用户在不需要太多数据库知识的情况下可以按自己的习惯简单方便地输入、查看和修改删除数据。这样，也可以简化操作。

2. 简化用户权限管理

视图可以让不同的用户以不同的方式看到不同或者相同的数据集。因此，当不同水平的用户共用同一个数据库时，为不同用户创建不同视图，只授予使用视图的权限而不允许访问表，这样就不必在数据表中针对某些用户对某些字段设置不同权限了。

3．安全保护功能

视图用户只能查看和修改他们所能看到的数据，其他的表既不可见也不可访问。可以像使用表一样对视图授予或者撤销访问权限，从而在限制表用户的基础上进一步限制视图用户，从而提供了对数据的安全保护功能。

4．重新组织数据

使用视图可以重新组织数据以便输出到其他应用程序中，可以将多个物理数据库抽象为一个逻辑数据库。

9.1.3 视图的类型

SQL Server 2008 中，视图可以分为标准视图、索引视图和分区视图。

1．标准视图

标准视图组合了一个或多个表中的数据，可以获得使用视图的大多数好处，可以实现对数据库的查询、修改和删除等基本操作。

2．索引视图

索引视图是被具体化了的视图，它已经过计算并存储，可以为视图创建索引，即对视图创建一个唯一的聚集索引。索引视图可以显著提高某些类型查询的性能。索引视图尤其适于聚合许多行的查询，但不太适合于经常更新的基本数据集。

3．分区视图

分区视图在一台或多台服务器间水平连接一组成员表中的分区数据。这样，数据看上去如同来自于一个表。

9.2 创建视图

SQL Server 提供两种方法创建视图：一种是使用 SQL Server Management Studio 工具创建视图；一种使用 Transact-SQL 语句中的 CREAT VIEW 创建视图。

9.2.1 使用 SQL Server Management Studio 工具创建视图

在 SQL Server Management Studio 中创建视图简单直观且方便，具体操作步骤如下：

1）打开"SQL Server Management Studio"窗口，在左边"对象资源管理器"的"数据库"选项中，展开要建立视图的具体数据库，然后右击其下的"视图"对象，在弹出的快捷菜单中选择"新建视图"命令。

2）如图 9-1 所示，在打开的"添加表"对话框中，在"表"选项卡中选中创建视图的表，可以用〈Ctrl〉键和〈Shift〉键配合鼠标以选择多张表，单击"添加"按钮，然后单击"关闭"按钮关闭该对话框。

3）此时进入到视图的设计窗口，如图 9-2 所示，窗口有 4 个子窗口，工具栏中图标 ▦ ▥ ▦ ▤ 分别控制这 4 个窗口的显示。第 1 个子窗口是"关系图窗格"，以图形的方式显示添加的表结构，如果添加了多张表，则表与表之间的关

图 9-1 "添加表"对话框

系也会显示，在这个窗口中，用户可以选择列。第 2 个窗口是"条件窗格"，显示用户所选择的列，并设置列的属性，自动生成且可修改。第 3 个窗口是"SQL 窗格"，显示用户设置视图的Transact-SQL 语句，自动生成且可修改。第 4 个窗口是"结果窗格"，用来显示视图的执行结果。

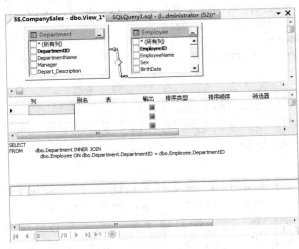

图 9-2　视图的设计窗口

4）如果想继续添加表创建视图，可以右击第 1 个窗口，在弹出的快捷菜单中选择"添加表"命令。或者不想用添加的某张表，可以右击要删除的表，在弹出的快捷菜单中选择"删除"命令将表移除。

5）单击第 1 个窗口中表结构字段名前的复选框，为创建的视图添加或删除列，可以看到第 2 和第 3 个窗口中内容有相应的变化。在第 2 个窗口中还可以修改某些列的属性，如列别名、排序方式和顺序、一些约束等，第 3 个窗格中的 SQL 语句有相应变化。

6）在创建的视图中添加好列和列的属性之后，单击 ! 执行 SQL 语句创建视图。这时在第 4 个窗口中会看到查询语句执行的结果，如图 9-3 所示。

7）单击 🖫 保存按钮，在弹出的如图 9-4 所示的"选择名称"对话框中输入视图的名字，然后单击"确定"按钮，即完成了视图的创建操作。这时，刷新视图文件夹，可以看到新建的视图。

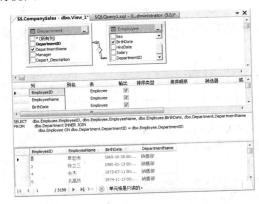

图 9-3　设置创建视图的定义

图 9-4　保存视图

9.2.2　使用 Transact-SQL 语句创建视图

下面介绍使用 CREATE VIEW 语句创建视图的方法，其语法形式如下：

```
CREATE VIEW    [ schema_name ] view_name [ ( column [ , …n ] ) ]
    [ WITH < view_attribute > [ , …n ] ]
    AS select_statement
    [ WITH CHECK OPTION ]
```

其中，

schema_name：视图所属框架的名称。

view_name：视图的名称，并且必须符合标识符的命名规则。

column：视图中的列使用的名称。如果未指定 column，则视图列将获得与 SELECT 语句中的列相同的名称。

select_statement：定义视图的 SELECT 语句。该语句可以使用多个表和其他视图。需要相应的权限才能在已创建视图的 SELECT 子句引用的对象中选择。

WITH CHECK OPTION：强制针对视图执行的所有数据修改语句都必须符合在 select_statement 中设置的条件。通过视图修改行时，WITH CHECK OPTION 可确保提交修改后，仍可通过视图看到数据。

<view_attribute>包括：ENCRYPTION，对 CREATE VIEW 语句文本的项进行加密；SCHEMABIONDING，将视图绑定到基础表的架构；VIEW_METADATA，指定为引用视图的查询请求浏览模式的元数据时，SQL Server 实例将向 DB-Library、ODBC 和 OLE DB API 返回有关视图的元数据信息。

这里需要注意的是：

1）CREATE VIEW 必须是查询批处理中的第 1 句。

2）视图定义中的 SELECT 子句不能包含下列内容：

- COMPUTE 或 COMPUTE BY 子句。
- ORDER BY 子句，除非在 SELECT 语句的选择列表中也有一个 TOP 子句。
- INTO 关键字。
- OPTION 子句。
- 引用临时表或表变量。

【例 9-1】　创建反映每位员工销售商品情况的视图，并禁止用户查看视图的定义语句。创建视图可以使用如下语句：

```
CREATE VIEW Em_Sell_View
WITH ENCRYPTION
AS
 SELECT EM.EmployeeName AS 员工姓名, PD.ProductName AS 商品名,
        SO.SellOrderNumber AS 订购数量, PD.Price AS 单价, SO.SellOrderDate AS 订购日期
 FROM    Employee AS EM INNER JOIN
        Sell_order AS SO ON EM.EmployeeID = SO.EmployeeID INNER JOIN
        Product AS PD ON SO.ProductID = PD.ProductID
GO
```

执行以上语句后，使用 SELECT 语句查询视图：

SELECT * FROM Em_Sell_View

在查询页中输入以上代码，单击 执行(X) 按钮，可以看到结果如图 9-5 所示。

图 9-5　创建和打开视图

9.3　修改、删除和重命名视图

创建视图后，用户可以修改视图的定义、重命名视图或者删除不再需要的视图。

9.3.1　修改视图

修改视图的定义有两种方法：一是使用 SQL Server Management Studio 工具修改视图定义，二是通过书写 Transact-SQL 语句修改视图定义。

1. 使用 SQL Server Management Studio 工具修改视图定义

下面介绍使用工具修改视图定义的步骤。

1）打开"SQL Server Management Studio"窗口，在左边"对象资源管理器"的"数据库"选项中，展开要建立视图的具体数据库，单击其下的"视图"对象，在打开的视图列表中右击要修改的视图。

2）在弹出的快捷菜单中选择"设计"命令，则会打开一个与创建视图一样的设计窗口，用户可以在该窗口中修改视图的定义，比如添加或删除一张表、添加或删除一个选中的字段等。修改完毕后，单击"确定"按钮完成修改。

2. 使用 ALTER VIEW 语句修改视图定义

使用 Transact-SQL 语句修改视图定义需要使用 ALTER VIEW 语句，ALTER VIEW 语句的语法格式如下：

ALTER VIEW　[schema_name] view_name [(column [, ...n])]
[WITH < view_attribute > [, ...n]]
AS select_statement
[WITH CHECK OPTION]

各个子句的说明与创建视图的语句一致。

【例 9-2】 修改第 9.2.2 节中【例 9-1】所创建的视图，只显示订购数量超过 100 件，且不需要显示商品的单价。

修改视图定义的代码如下：

```
ALTER VIEW Em_Sell_View
AS
SELECT EM.EmployeeName AS 员工姓名, PD.ProductName AS 商品名,
        SO.SellOrderNumber AS 订购数量, SO.SellOrderDate AS 订购日期
 FROM    Employee AS EM INNER JOIN
        Sell_order AS SO ON EM.EmployeeID = SO.EmployeeID INNER JOIN
        Product AS PD ON SO.ProductID = PD.ProductID
WHERE SellOrderNumber>100
GO
```

执行以上语句后，使用 SELECT 语句查询视图：

```
SELECT * FROM Em_Sell_View
```

在查询页中输入以上代码，单击 执行(X) 按钮，可以看到结果如图 9-6 所示。

图 9-6 修改视图并打开修改后的视图

9.3.2 删除视图

视图可以使用 Management Studio 工具删除，也可以使用 Transact-SQL 语句删除。

1. 使用 SQL Server Management Studio 工具删除视图

使用工具删除视图的步骤如下：

1）打开"SQL Server Management Studio"窗口，在左边"对象资源管理器"的"数据库"选项中，展开要建立视图的具体数据库，单击其下的"视图"对象，在打开的视图列表中右击要删除的视图。

2）在弹出的快捷菜单中选择"删除"命令，会出现"删除对象"对话框，在该对话框中，单击"确定"按钮，即可删除该视图。单击对话框下部的"显示依赖关系"，则可以显示该视图依赖的对象及依赖于该视图的对象。

2. 使用 DROP VIEW 语句删除视图

使用 Transact-SQL 语句的 DROP VIEW 命令删除视图，其语法形式如下：

DROP VIEW [schema_name] view_name [, …n]

使用该命令可以同时删除多个视图，多个视图名称之间用逗号间隔。

【例9-3】 删除视图 Emp_View。

DROP VIEW Emp_View

9.3.3　重命名视图

在 Management Studio 中，右击要重命名的视图，在弹出的快捷菜单中选择"重命名"命令即可。

或者可以使用系统存储过程 sp_rename 来重命名视图，其语法形式如下：

sp_rename 'object_name', 'new_name'

其中，

object_name：指当前的视图名。

new_name：指定对象的新名称。

【例9-4】 将视图 Em_Sell_View 重命名为 Em_Sell_View_Test。

实现代码如下：

EXECUTE sp_rename Em_Sell_View,Em_Sell_View_Test

9.4　使用视图操作数据表

除了在 SELECT 中使用视图作为数据源进行查询以外，用户还可以通过视图对数据表的数据进行添加、修改和删除的操作。

使用视图对数据表的记录进行操作时，所创建的视图必须满足如下的要求：

1）修改视图中的数据时，不能同时修改两个或者多个基本表，当对基于两个或多个表创建的视图进行修改时，每次的修改只能影响一张基本表。

2）视图的字段中不能包含计算列，计算列是不能更新的。

3）如果在创建视图时指定了 WITH CHECK OPTION 选项，那么使用视图修改数据库时，必须保证修改后的数据满足视图定义的要求。

4）如果在视图定义中使用了 GROUP BY、UNION、DISTINCT 或 TOP 子句，则视图不允许更新。

5）如果在视图定义中有嵌套查询，并且内层查询的 FROM 子句中涉及的表也是导出该视图的基本表，则视图不允许更新。

9.5　查看视图信息

SQL Server 允许用户获得视图的一些信息，如视图的基本信息、视图的定义信息、视图与其他对象间的依赖关系等。这些信息可以通过相应的系统存储过程来查看。

1. 查看视图的基本信息

用户可以使用系统存储过程 sp_help 来显示视图的名称、所有者、创建时间、列信息等。如图 9-7 所示，查看视图 Em_Sell_View_Test 的基本信息。

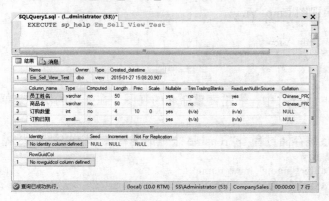

图 9-7　Em_Sell_View_Test 的基本信息

2．查看视图的定义信息

如果视图在创建的时候没有被加密，则可以使用系统存储过程 sp_helptext 显示视图的定义信息。

【例 9-5】　查看视图 Em_Sell_View_Test 的定义信息。

　　　　EXECUTE sp_helptext Em_Sell_View_Test

在查询页中输入以上代码，单击 执行(X) 按钮，结果如图 9-8 所示。

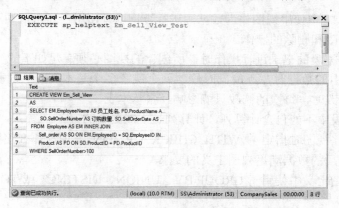

图 9-8　Em_Sell_View_Test 视图的定义信息 1

【例 9-6】　修改 Em_Sell_View_Test 视图，将其加密后，再查看视图的定义信息。

　　　　EXECUTE sp_helptext Em_Sell_View_Test

在查询页中输入以上代码，单击 执行(X) 按钮，结果如图 9-9 所示。

因为在修改视图 Em_Sell_View_Test 后已加密，所以查询结果给出文本已加密的提示。

3．查看视图与其他对象间的依赖关系

使用系统存储过程 sp_depends 查看视图与其他对象间的依赖关系，如视图在哪些表的基础上创建、有哪些数据库对象的定义引用了该视图等。

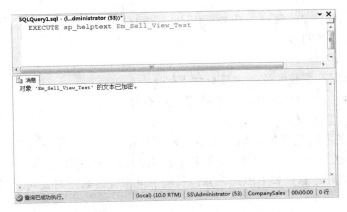

图 9-9　Em_Sell_View_Test 视图的定义信息 2

【例 9-7】　查看视图 Em_Sell_View_Test 的依赖关系。

　　　　　EXECUTE sp_depends Em_Sell_View_Test

在查询页中输入以上代码，单击！ 执行(X) 按钮，结果如图 9-10 所示。

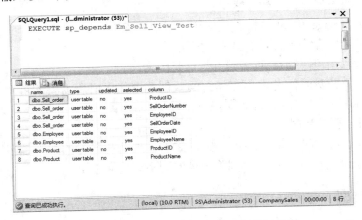

图 9-10　Em_Sell_View_Test 视图的依赖关系

9.6　索引概述

在日常生活中，人们经常会用到索引，如图书的目录、词典的索引等。利用索引，人们可以很快地找到需要找的东西。在对数据库进行操作时，使用索引可以提高数据存取的性能及操作的速度，从而使用户能够较快地查询并准确地得到希望的数据。

本章将介绍索引的概念、类型以及创建和管理索引的方法。

9.6.1　什么是索引

索引是一个单独的、物理的数据库结构，它是某个表中一列或若干列值的集合和相应的指向表中物理标识这些值的数据页的逻辑指针清单。索引是数据库中一种常用且重要的数据库对象，它类似于图书中的目录。在数据库中，索引使数据库程序不需要对整个表进行扫描就能在其中找到所需要的数据。

1. 使用索引的优点

利用索引可以提高系统的性能，具有如下优点：

1）创建唯一索引，可以保证表中的数据记录不重复。

2）加快数据检索速度。

3）加速表与表之间的连接，如果从多个表中检索数据，数据库可以通过直接搜索各表的索引列找到需要的数据，在实现数据的参照完整性方面有特别的意义。

4）在使用 ORDER BY 和 GROUP BY 子句中进行检索数据时，可以显著减少查询中分组和排序的时间。

5）可以在检索数据的过程中使用优化隐藏器，从而提高系统的性能。

2. 创建索引需要遵循一定的原则

创建索引一般遵循以下原则：

1）主键列上一定要建立索引。

2）在连接中频繁使用的列，比如外键。

3）在频繁查询的列上最好建立索引。

4）对于 text、image 和 bit 数据类型的列不要建立索引。

5）对于具有重复值较多的列不要建立索引。

索引虽然很重要，但也不是越多越好，这是因为：

1）创建索引要花费时间并占用存储空间。创建聚集索引所需要的可用空间是数据库表中数据量的 120%，且不包含当前表所占空间。

2）维护索引也要花费时间。

3）当对表进行修改时，需要维护索引，插入、更新和删除的数据越多，维护的开销就越大。所以，对于经常插入、更新、删除记录的列不要建立索引。

9.6.2 索引的类型

SQL Server 的索引主要分为两类：聚集索引和非聚集索引。除此之外，还可以分为唯一索引、包含列索引、索引视图、全文索引、空间索引、筛选索引和 XML 索引等。下面主要介绍聚集索引和非聚集索引，其他的类型只作简单说明。

1. 聚集索引

聚集索引也称簇索引，是指表中数据行的物理存储顺序与索引顺序完全相同。当为一个表的某列创建聚集索引时，表中的数据会按该列进行重新排序，然后再存储到磁盘上，即聚集索引与数据是混为一体的。

每个表只能创建一个聚集索引，因为一个表中的记录只能以一种物理顺序存放，一般建立在经常搜索的列上。在默认情况下，SQL Server 为主键约束自动建立聚集索引。

2. 非聚集索引

非聚集索引也称非簇索引，它具有与表的数据完全分离的结构，使用非聚集索引不用将物理数据页中的数据按列排序。非聚集索引中存储了组成非聚集索引的关键字的值和行定位器。

表中的每一个列上都可以有自己的非聚集索引，创建的非聚集索引最多为249个。

从建立了聚集索引的表中取出数据要比建立了非聚集索引的表快，而非聚集索引需要大量的磁盘空间和内存。如果要在一个表中既建立聚集索引又建立非聚集索引，应该先建立聚集索引，然后建立非聚集索引。

3．其他类型的索引

除了以上两种类型的索引外，还有以下类型的索引。

（1）唯一索引

唯一索引确保索引键不包含重复的值，因此，表或视图中的每一行在某种程度上是唯一的。聚集索引和非聚集索引都可以是唯一索引。

（2）包含列索引

包含列索引是一种非聚集索引，它扩展后不仅包含键列，还包含非键列。

（3）索引视图

视图的索引将具体化（执行）视图，并将结果集永久存储在唯一的聚集索引中，而且其存储方法与带聚集索引的表的存储方法相同。创建聚集索引后，可以为视图添加非聚集索引。

（4）全文索引

全文索引是一种特殊类型的基于标记的功能性索引，由 Microsoft SQL Server 全文引擎生成和维护，用于帮助在字符串数据中搜索复杂的词。

（5）空间索引

利用空间索引可以更高效地对 geometry 数据类型的列中的空间对象（空间数据）执行某些操作。空间索引可减少需要应用开销相对较大的空间操作的对象。

（6）筛选索引

筛选索引是一种经过优化的非聚集索引，尤其适用于涵盖从定义完善的数据子集中选择数据的查询。筛选索引使用筛选谓词对表中的部分行进行索引。与全文索引相比，设计良好的筛选索引可以提高查询性能、减少索引维护开销并降低索引存储开销。

（7）XML

XML 数据类型中 XML 二进制大型对象（BLOB）的已拆分持久表示形式。

9.7 创建索引

创建索引之前首先要清楚，只有表的所有者才能在表上创建索引，在创建唯一索引时，应该保证创建索引的列不包含重复的数据，并且没有两个或更多的空值。

用户可以在建表的时候创建索引，也可以对已存在的表创建索引。创建索引有两种方法：一是使用 SQL Server Management Studio 工具创建索引，二是通过书写 Transact-SQL 语句创建索引。

9.7.1 使用 SQL Server Management Studio 工具创建索引

下面以具体的例子介绍使用 Management Studio 创建索引的步骤。

【例 9-8】 为数据库 "CompanySales" 中的 "Employee" 表创建一个唯一的非聚集索引 index_ DepartmentName。

创建的步骤如下：

1）打开"SQL Server Management Studio"窗口，在左边"对象资源管理器"的"数据库"选项中，展开"CompanySales"数据库下的"Department"表，右击其下的"索引"对象，在弹出的快捷菜单中选择"新建索引"命令，如图 9-11 所示。

2）如图 9-12 所示，在打开的"新建索引"对话框中，在"索引名称"里输入"index_DepartmentName"，在"索引类型"下拉列表中选择"非聚集"，并选中复选框"唯一"。接下来要添加索引列，单击"添加"按钮，在弹出的"从 dbo.Department 中选择列"窗口的表列中，选中列"DepartmentName"前的复选框。单击"确定"按钮，看到在"索引键列"列表中已经添加了该列，可以修改索引列的排序顺序是升序还是降序。为获得最佳功能，建议只为每个索引列选择一列或两列。

图 9-11　新建索引

图 9-12　新建的"index_DepartmentName"索引

3）返回"新建索引"对话框后，单击"确定"按钮，索引节点下便生成了一个名"index_DepartmentName"的索引。

9.7.2　使用 CREATE INDEX 语句创建索引

使用 CREATE INDEX 语句创建索引的语法格式如下：

```
CREATE [ UNIQUE ] [ CLUSTERED | NOCLUSTERED ] INDEX index_name
       ON { table | view } ( column [ ASC | DESC ] [ , ...n ] )
       [ WITH
```

```
( PAD_INDEX={ ON | OFF }
| FILLFACTOR=filefactor
| IGNORE_DUP_KEY={ ON | OFF }
| DROP_EXISTING={ ON | OFF }
| STATISTICS_NORECOMPUTE={ ON | OFF }
| SORT_IN_TEMPDB={ ON | OFF } )
[ ON filegroup ]
```

其中，

UNIQUE：为表或视图创建唯一索引，即不允许两行具有相同的索引键值。省略 UNIQUE 时，创建的索引是非唯一索引。

CLUSTERED：指定创建的索引为聚集索引。

NOCLUSTERED：指定创建的索引为非聚集索引。省略 CLUSTERED | NOCLUSTERED，则建立的是非聚集索引。

index_name：指定创建索引的名称。

table | view：用于创建索引的表或视图的名称。

column：索引所基于的一列或多列。指定两个或多个列名，可为指定列的组合值创建组合索引。一个组合索引中最多可组合 16 列。组合索引键中的所有列必须在同一个表或视图中。

ASC | DESC：确定特定索引列的升序或降序排序方向，默认值为 ASC。

PAD_INDEX：指定填充索引的内部节点的行数至少应大于等于两行。PAD_INDEX 选项只有在 FILLFACTOR 选项指定后才起作用，因为 PAD_INDEX 使用与 FILLFACTOR 相同的百分比。

FILLFACTOR=filefactor：指定一个百分比，表示在索引创建或重新生成过程中，数据库引擎应使每个索引页的叶级别达到的填充程度。fillfactor 必须为 0～100 的整数值，默认值为 0。如果 fillfactor 为 100 或 0，数据库引擎将创建叶级页达到其填充容量的索引。

IGNORE_DUP_KEY：指定对唯一聚集索引或唯一非聚集索引执行多行插入操作时出现重复键值的错误响应，默认值为 OFF。当为 ON 时，发出一条警告信息，但只有违反了唯一索引的行才会失败；为 OFF 时，发出错误信息，并回滚整个 INSERT 事务。IGNORE_DUP_KEY 设置仅适用于创建或重新生成索引后发生的插入操作。

DROP_EXISTING：指定应删除并重新生成已命名的先前存在的聚集或非聚集索引，默认值为 OFF。当为 ON 时，删除并重新生成现有索引，指定的索引名称必须与当前的现有索引相同，但可以修改索引定义；当为 OFF 时，如果指定的索引名已存在，则会显示一条错误。使用 DROP_EXESTING 不能更改索引类型。

STATISTICS_NORECOMPUTE：指定是否重新计算分发统计信息，默认值为 OFF。当为 ON 时，不会自动重新计算过时的统计信息；为 OFF 时，启用统计信息自动更新功能。

SORT_IN_TEMPDB：指定是否在 tempdb 中存储临时排序结果，默认值为 OFF。当为 ON 时，在 tempdb 中存储用于生成索引的中间排序结果。为 OFF 时，中间排序结果与索引存储在同一个数据库中。

ON filegroup：为指定文件组创建指定索引。如果未指定位置且表或视图尚未分区，则索引将与基本表或视图使用相同的文件组，该文件组必须已存在。

【例 9-9】 为表 Product 基于"ProductID"字段创建一个唯一的聚集索引。

```
CREATE UNIQUE CLUSTERED INDEX PK_Product
    ON Product(ProductID)
        WITH
            (PAD_INDEX=ON,
            FILLFACTOR=10,
            DROP_EXISTING=ON)
```

图 9-13　CREATE INDEX 运行结果

在查询页中输入以上代码，单击 ! 执行(X) 按钮，运行界面如图 9-13 所示。

9.8　管理索引

创建索引之后，由于数据的变更操作会引起索引页出现碎块，为了提高系统的性能，必须对索引进行维护。

9.8.1　修改索引

修改索引是指禁用、重新生成或重新组织索引，或通过设置索引的相关选项操作修改现有的索引。

重新生成索引将会删除并重新创建索引，将根据指定的或现有的填充因子设置压缩页来删除碎片、回收磁盘空间，然后对连续页中的索引行重新排序。

重新组织索引是用最少的系统资源重新组织索引。

禁用索引可防止用户访问该索引，对于聚集索引，还可以防止用户访问基础表数据。

用户有两种方式修改索引，一种是使用 SQL Server Management Studio 的现有命令修改，一种是通过 Transact-SQL 语句实现。

1．使用 Management Studio 工具修改索引

以修改"Department"表的索引"index_DepartmentName"为例介绍修改索引的步骤：

1）打开"SQL Server Management Studio"窗口，在左边的"对象资源管理器"的"数据库"选项中，依次展开"CompanySales"数据库下的"Department"表中"索引"对象。

2）右击索引"index_DepartmentName"，从快捷菜单中选择相应的命令，如"重新生成""重新组织""禁用"等，如图 9-14 所示。

图 9-14　修改索引

3）在打开的窗口中单击"确定"按钮即可完成操作。

2．使用 ALTER INDEX 命令修改索引

ALTER INDEX 命令的基本语法如下。

（1）重新生成索引

重新生成索引的语法格式如下：

ALTER INDEX index_name ON table_or_view_name REBUILD

其中，

index_name：表示所要修改的索引名称。

table_or_view_name：表示当前索引基于的表名或视图名。

（2）重新组织索引

重新组织索引的语法格式如下：

ALTER INDEX index_name ON table_or_view_name REORGANIZE

其中参数的含义如前。

（3）禁用索引

禁用索引的语法格式如下：

ALTER INDEX index_name ON table_or_view_name DISABLE

其中参数的含义如前。

9.8.2　删除索引

当索引不再需要时，用户可以将索引删除。有以下两种方式：

1．使用 Management Studio 工具删除索引

以删除"Department"表的索引"index_DepartmentName"为例介绍删除索引的步骤：

1）打开"SQL Server Management Studio"窗口，在左边的"对象资源管理器"的"数据库"选项中，依次展开"CompanySales"数据库下的"Department"表中"索引"对象。

2）右击索引"index_DepartmentName"，从快捷菜单中选择"删除"命令。

3）在打开的窗口中单击"确定"按钮即可完成操作。

2．使用 DROP INDEX 命令删除索引

使用 DROP INDEX 命令可以删除一个或多个当前数据库中的索引，其语法格式如下：

DROP INDEX < table or view name >.<index_name> [, …n]

9.8.3　查看索引

用户可以使用系统存储过程 sp_helpindex 来查看索引信息，格式如下：

sp_helpindex [@objname =] 'name'

其中，[@objname =] 'name' 表示用户的表或视图的限定或非限定名称。

例如：

EXECUTE sp_helpindex Department

在查询页中输入以上代码，单击 执行(X) 按钮，看到如图 9-15 所示的结果。

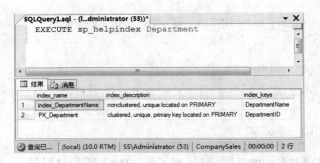

图 9-15 查看 "Department" 表的索引信息

9.9 实训——设备管理系统中视图和索引的创建与维护

1. 实训目的

1）理解并掌握视图的意义与创建、使用。

2）理解什么是索引、索引的作用以及索引的分类。

3）熟练掌握创建索引和管理索引的方法。

2. 实训内容

1）在 Assets 数据库中，创建视图 view_sel，返回所有设备的设备名称。

2）创建一个包含 user_info 表和 device_lend_info_tab 表中指定信息的视图 vm_User_Device，然后查看该视图所包含的数据。

3）在视图 vm_User_Device 中，查询借过两次以上设备的借出情况。

4）在 device_info_tab 表中的 device_name 列上创建非聚集索引 index_DName。

5）查看所创建的非聚集索引 index_DName 的基本信息。

9.10 习题

1. 每次访问视图时，视图都是从_____提取所包含的行和列。

2. 视图的修改和数据库中表的修改一样，视图的修改也是由_____语句来完成的。

3. 若数据源中的数据发生变化，视图中的数据_____。

4. 如果在视图中删除或修改一条记录，则其相应的_____也随着视图更新。

5. 索引可以在_____时创建，也可以在以后的任何时候创建。

6. 当用户在表中创建 PRIMARY KEY 约束或 UNIQUE 约束时，SQL Server 将自动为建有这些约束的列创建_____。

7. 创建唯一索引时，应保证创建索引的列不包含_____数据，如果有这种数据，必须先将其删除，否则索引不能成功创建。

8. 一个表最多可以有_____个非聚集索引。

9. 为表创建索引的目的是（   ）。

    A. 提高查询的检索性能   B. 创建唯一索引

    C. 创建主键   D. 归类

10. 以下有关索引的叙述不正确的是（　　）。

    A. 一个表可以创建多个索引

    B. 一个表只能创建一个索引

    C. 索引可以加快数据的检索、显示、查询等操作的速度

    D. 一个表索引过多也是要付出一定的"代价"的

11. 以下不适合创建聚集索引的情况是（　　）。

    A. PRIMARY KEY 约束　　　　　　　B. 表中包含大量非重复的列值

    C. 表中数据量少且没有重复　　　　　D. 被连续访问的列

12. 以下不适合创建非聚集索引的情况是（　　）。

    A. 表中包含大量非重复的列值　　　　B. 经常需要进行联接和分组操作的列

    C. 带 WHERE 子句的查询　　　　　　D. 表中包含大量重复的列值

13. 关于聚集索引的描述不正确的是（　　）。

    A. 聚集索引与非聚集索引具有不相同的排列顺序

    B. 建立聚集索引，索引文件中数据将按索引键值的规律重新进行排序和存储，但表的原始的物理顺序不变

    C. 当有主键约束时系统自动建立聚集索引

    D. 聚集索引只能有一个

14. 视图是一种常用的数据对象，可以对数据进行（　　）。

    A. 查询　　　　　B. 插入　　　　　C. 更新　　　　　D. 以上都是

15. 创建视图不需要定义的选项是（　　）。

    A. 数据来源数据库　　　　　　　　　B. 数据来源的表

    C. 数据来源的列的个数　　　　　　　D. 数据来源的视图

16. 删除视图使用的 SQL 命令是（　　）。

    A. DROP VIEW　　　　　　　　　　B. ALTER VIEW

    C. CREATE VIEW　　　　　　　　　D. DROP

17. 关于视图，以下说法正确的是（　　）。

    A. 视图与表都是一种数据库对象，查询视图与查询基本表的方法是一样的

    B. 与存储基本表一样，系统存储视图中每个记录的数据

    C. 视图可屏蔽数据和表结构，简化用户操作，方便用户查询和处理数据

    D. 视图数据来源于基本表，但独立于基本表，当基本表数据变化时，视图数据不变，当基本表被删除后，视图数据仍可使用

18. 如果需要加密视图的定义文本，可以使用的子句是（　　）。

    A. WITH CHECK OPTION　　　　　　B. WITH SCHEMABINDING

    C. WITH NOCHECK　　　　　　　　D. WITH ENCRYPTION

19. 视图与基本表相比有哪些优点？

20. 视图有哪些类型？

21. 简单阐述索引的作用。

22. 聚集索引和非聚集索引有何不同？

23. 哪些情况下需要重新生成索引？

第10章 存储过程

存储过程是一种高效、安全的访问数据库的方法,主要用于提高数据库中检索数据的速度,也经常用来访问数据或管理被修改的数据。本章介绍如何创建和管理存储过程。

10.1 存储过程概述

10.1.1 存储过程的概念

存储过程是在数据库服务器执行的一组 T-SQL 语句的集合,经编译后存放在数据库服务器端。存储过程作为一个单元进行处理并以一个名称来标识,它能够向用户返回数据,向数据库中写入或修改数据,还可以执行系统函数和管理操作。用户在编程中只需要给出存储过程的名称和必需的参数,就可以方便地调用它们。存储过程与其他编程语言中的过程有些类似。

SQL Server 提供了以下 3 种类型的存储过程。

1)用户存储过程:用户在 SQL Server 中通过采用 SQL 语句创建存储过程,称为用户存储过程。本章后面介绍的存储过程操作主要是指用户存储过程。

2)系统存储过程:SQL Server 中的许多管理活动都是通过一种特殊的存储过程执行的,这种存储过程称为系统存储过程。从物理意义上讲,系统存储过程存储在源数据库中,并且带有"sp_"前缀。从逻辑意义上讲,系统存储过程出现在每个系统定义数据库和用户定义数据库的 sys 构架中。用户自创建的存储过程最好不要以"sp_"开头,因为当用户存储过程与系统存储过程重名时,调用系统存储过程。

3)扩展存储过程:SQL Server 允许用户使用编程语言(例如 C)创建自己的外部例程。扩展存储过程是指 Microsoft SQL Server 的实例可以动态加载和运行的 DLL。扩展存储过程直接在 SQL Server 的实例的地址空间中运行,可以使用 SQL Server 扩展存储过程 API 完成编程。

10.1.2 存储过程的优点

存储过程是一种独立的数据库对象,它在服务器上创建和运行,与存储在客户端计算机本地的 T-SQL 语句相比,它具有以下优点:

1. 模块化程序设计

每个存储过程就是一个模块,可以用它来封装功能模块。存储过程一旦创建,以后即可在程序中调用任意多次。这可以改进应用程序的可维护性,并允许应用程序统一访问数据库。

2．提高执行效率，改善系统性能

存储过程比一般的 SQL 语句执行速度快。存储过程在创建时已被编译，每次执行时不必再编译，而 SQL 语句每次执行都需要编译。另外，存储过程已在服务器注册。存储过程具有安全特性（例如权限）和所有权链接，以及可以附加到它们的证书。用户可以被授予权限来执行存储过程而不必直接对存储过程中引用的对象具有权限。

3．减少网络通信流量

当要执行一个具有数百条 T-SQL 语句组成的命令时，每次都要从客户端重复发送这些语句，而使用存储过程只需从客户端发送一条执行存储过程的单独语句即可实现相同的功能，从而减少网络流量。

4．强制应用程序的安全性

参数化存储过程有助于保护应用程序不受 SQL Injection 攻击。SQL Injection 是一种攻击方法，它可以将恶意代码插入传递给 SQL Server 供分析和执行的字符串中。

10.2 创建存储过程

要使用存储过程，首先要创建一个存储过程，下面介绍存储过程的创建和执行。

10.2.1 创建存储过程

用户可以使用 SQL Server Management Studio 和 T-SQL 的 CREATE PROCEDURE 语句来创建存储过程。

1．使用 SQL Server Management Studio 创建存储过程

下面通过一个例子介绍使用 SQL Server Management Studio 创建存储过程的方法。

【例 10-1】 使用 SQL Server Management Studio 创建存储过程 ProAvgPrice，用于输出所有商品的平均价格。

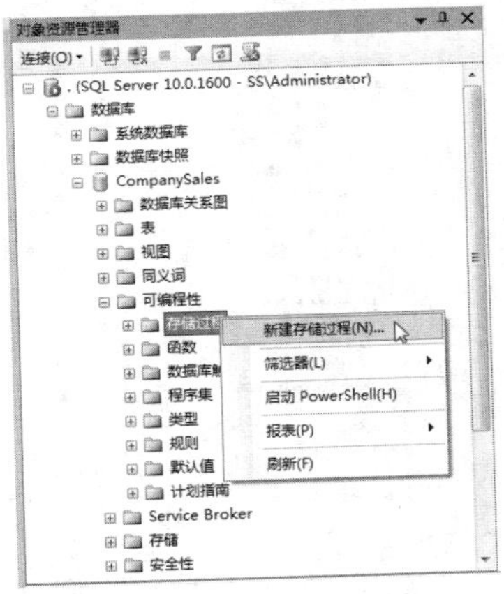

解：其操作步骤如下。

1）启动 SQL Server Management Studio。

2）在"对象资源管理器"中展开 SS 服务器节点。

3）打开"数据库"→"CompanySales"→"可编程性"→"存储过程"节点，用鼠标右键单击，在弹出的快捷菜单中选择"新建存储过程"命令，如图 10-1 所示。

4）在右侧的"查询编辑器"中出现存储过程模板，可以参照模板在其中输入存储过程的 T-SQL 语句。单击工具栏中的 按钮，出现"指定模板参数的值"对话框，如图 10-2 所示，在其中设置模板中相关参数的值。

本例创建的存储过程 ProAvgPrice 不需要输入参数、输出参数，在模板中将其删除。

图 10-1 选择"新建存储过程"命令

相应 SQL 语句为：

```
SELECT    AVG(Price)   AS   '平均价格'   FROM   Product
```

图 10-2　存储过程模板与"指定模板参数的值"对话框

单击工具栏中的 🔧 按钮，出现"指定模板参数的值"对话框，输入存储过程名"ProAvgPrice"，在"指定模板参数的值"对话框中将设置的参数值写入模板中，如图 10-3 所示。单击"确定"按钮。

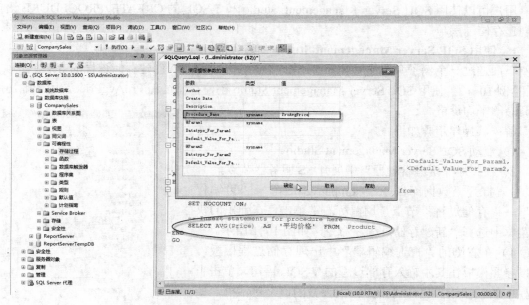

图 10-3　在模板中创建存储过程 ProAvgPrice

5）单击工具栏中的 ! 执行(X) 按钮，将其保存在数据库中。此时右击"存储过程"节点，在弹出的快捷菜单中选择"刷新"命令，会看到 ProAvgPrice 存储过程，如图 10-4 所示。

上述存储过程主要包含一个 SELECT 语句，对于复杂的存储过程，可以包含多个 SELECT 语句。

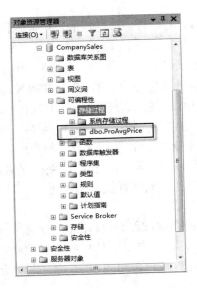

图 10-4　显示存储过程 ProAvgPrice

2. 使用 CREATE PROCEDURE 语句创建存储过程

用 SQL 语句创建存储过程的语法格式如下：

```
CREATE   PROCEDURE   存储过程名  [；分组号]
    [@形参变量1   数据类型   [VARYING]  [ = 默认值]  [OUTPUT ] ]
    [@形参变量 n   数据类型   [VARYING]  [ = 默认值]  [OUTPUT ] ]
    [WITH  { RECOMPILE | ENCRYPTION |   RECOMPILE , ENCRYPTION } ]
    [FOR   REPLICATION]
    AS
    SQL 语句系列
```

具体说明如下。

1）该语句可以创建永久存储过程，也可以创建一个在一个会话过程中临时使用的局部存储过程，名称前加一个#；还可以创建一个在所有会话中临时使用的全局存储过程，名称前加两个##。

2）分组号：整数，可作为同名过程分组的后缀序号，如 Ts1、Ts2 可定义属于一组，同组的过程可以用一条 DROP   PROCEDURE 删除命令全部删除掉。

3）@形参变量：过程中的参数。在 CREATE   PROCEDURE 过程中可以声明一个或多个参数。必须在执行过程时提供每个所声明参数的值（除非定义了该参数的默认值）。

4）数据类型：参数的数据类型。所有数据类型均可以用作存储过程的参数。不过，CURSOR 数据类型只能用于 OUTPUT 参数。如果指定的数据类型为 CURSOR，也必须同时指定 VARYING 和 OUTPUT 关键字。

5）VARYING：指定作为输出参数支持的结果集（由存储过程动态构造，内容可以变化），仅适用于游标参数。

6）默认值：参数的默认值。如果定义了默认值，不必指定该参数的值即可执行过程。默认值必须是常量或 NULL。

7）OUTPUT：表明参数是返回参数。该选项的值可以返回给调用语句。

8）{ RECOMPILE | ENCRYPTION | RECOMPILE , ENCRYPTION }：RECOMPILE 表明 SQL Server 不会缓存该过程的被引用的对象，该过程将在运行时重新编译。ENCRYPTION 表示 SQL Server 加密 Syscomment 表中包含 CREATE　PROCEDURE 语句文本的条目。

9）FOR REPLICATION：指定不能在订阅服务器上执行为复制创建的存储过程。

10）SQL 语句系列：过程中要包含的任意数目和类型的 SQL 语句；但是不能使用创建数据库及其对象的语句，也不能使用 USE 语句选择其他数据库。

存储过程可以参考表、视图或其他存储过程。如果在存储过程中创建了临时表，那么该临时表只在该存储过程中有效，当存储过程执行结束时，临时表也消失。存储过程可以嵌套使用。

【例 10-2】　创建一个简单的存储过程 ProSeEmp，查询所有女员工的信息。

解：选择数据库 CompanySales，单击工具栏中"新建查询"按钮，新建查询编辑器，输入对应的程序，最后单击 执行(X) 按钮，如图 10-5 所示。对应的程序如下：

```
CREATE　PROCEDURE　ProSeEmp
AS
SELECT　*
FROM　Employee
WHERE Sex='女'
```

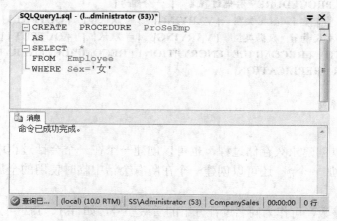

图 10-5　使用 CREATE　PROCEDURE 语句创建存储过程

【例 10-3】　创建一个带有输入参数的存储过程 ProIdProduct，查询指定商品号的商品信息。其中输入参数用于接收商品号，设有默认值"1"。

解：程序如下。

```
CREATE　PROCEDURE ProIdProduct
 @ProId int='1'
AS
 SELECT * FROM Product
 WHERE ProductID = @ProId
```

如果没有参数输入时，默认查询商品号为"1"的商品信息。

【例10-4】 创建一个带有输入参数和输出参数的存储过程 ProDep，返回指定员工号的员工所在部门名称。其中输入参数用于接收员工号，输出参数用于返回该员工所在部门的名称。

解：程序如下。

```
CREATE PROCEDURE ProDep
 @Empid int,@Dep varchar(30) OUTPUT
AS
 SELECT @Dep=DepartmentName
 FROM Department JOIN Employee ON
        Department.DepartmentID=Employee.DepartmentID
 WHERE EmployeeID=@Empid
```

10.2.2 执行存储过程

1. 使用 SQL Server Management Studio 执行存储过程

下面通过一个例子介绍如何使用 SQL Server Management Studio 执行存储过程。

【例10-5】 使用 SQL Server Management Studio 执行存储过程 ProIdProduct，查询指定商品号的商品信息。

解：其操作步骤如下。

1）启动 SQL Server Management Studio。

2）在"对象资源管理器"中展开 SS 服务器节点。

3）展开"数据库"→"CompanySales"→"可编程性"→"存储过程"节点，右击"dbo.ProIdProduct"，在弹出的快捷菜单中选择"执行存储过程"命令，如图10-6所示。

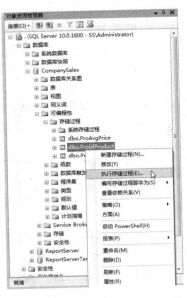

图10-6 选择"执行存储过程"命令

4）进入"执行过程"对话框，输入要查询的商品编号"2"，如图10-7所示。

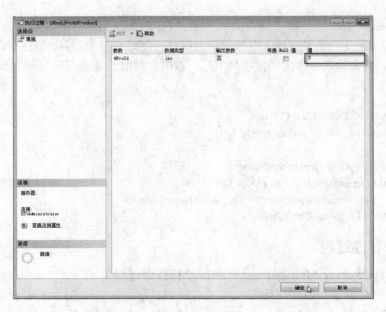

图 10-7 输入参数

5）设置完成后单击"确定"按钮，执行结果如图 10-8 所示。

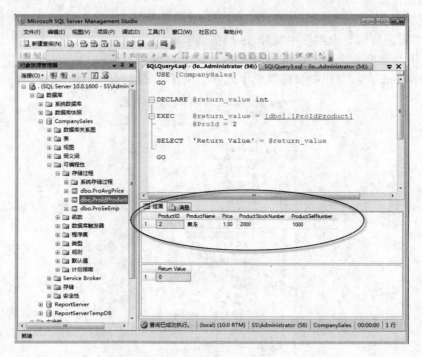

图 10-8 "执行存储过程"结果

2. 使用 EXECUTE 语句执行存储过程

用户可以使用 EXECUTE 或 EXEC 语句来执行存储在服务器上的存储过程，其语法形式如下：

```
[ EXEC [UTE] ]
    { [ @状态值 = ]
    { 存储过程名 [ ; 分组号 ] | @存储过程变量 }
        [ [ @参数 1 = ] { 参量值 | @变量 [ OUTPUT ] | [DEFAULT ] } ]
        [ [ @参数 n = ] { 参量值 | @变量 [ OUTPUT ] | [DEFAULT ] } ]
        [ WITH    RECOMPILE ]
    }
```

各参数的说明如下。

1）@状态值：是一个可选的整形变量，用于保存存储过程的返回状态。这个变量在用于 EXECUTE 语句时，必须已在批处理、存储过程或函数中声明。

2）@存储过程变量：是局部定义的变量名，代表存储过程名称。

3）@参数：是在创建存储过程时定义的参数。当使用该选项时，各参数的枚举顺序可以与创建存储过程时的定义顺序不一致，否则两者顺序必须一致。

4）参量值：是存储过程中输入参数的值。如果参数名称没有指定，参量值必须按创建存储过程时的定义顺序给出。如果在创建存储过程时指定了参数的默认值，执行时可以不再指定。

5）@变量：用来存储参数或返回参数的变量。当存储过程中有输出参数时，只能用变量来接收输出参数的值，并在变量后加上 OUTPUT 关键字。

6）OUTPUT：用来指定参数是输出参数。该关键字必须与"@变量"连用，表示输出参数的值由变量接收。

7）DEFAULT：表示参数使用定义时指定的默认值。

8）WITH   RECOMPILE：表示执行存储过程时强制重新编译。

【例 10-6】 执行【例 10-2】创建的简单存储过程 ProSeEmp，查询所有女员工的信息。

解：程序如下。

```
EXECUTE   ProSeEmp
```

【例 10-7】 执行【例 10-3】创建的带输入参数的存储过程 ProIdProduct，查询指定商品号的商品信息，参数值为"5"。

解：程序如下。

```
EXECUTE   ProIdProduct 5
```

【例 10-8】 执行【例 10-4】创建的带输入和输出参数的存储过程 ProDep，返回指定员工号的员工所在部门名称，如图 10-9 所示。

解：程序如下。

```
USE CompanySales
GO
DECLARE @员工号 int,@部门名称 varchar(30)
SET @员工号=10
EXECUTE ProDep @员工号,@部门名称 OUTPUT
PRINT '该员工所在部门是: '+@部门名称
```

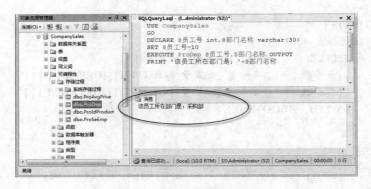

图 10-9　执行存储过程 ProDep

10.3　管理存储过程

存储过程的管理主要包括存储过程的查看、修改、重命名和删除。

10.3.1　查看存储过程

1. 使用 SQL Server Management Studio 查看存储过程

下面通过一个例子介绍如何使用 SQL Server Management Studio 查看存储过程。

【例 10-9】　使用 SQL Server Management Studio 来查看【例 10-1】创建的存储过程 ProAvgPrice。

解：其操作步骤如下。

1）启动 SQL Server Management Studio。

2）在"对象资源管理器"中展开 SS 服务器节点。

3）展开"数据库"→"CompanySales"→"可编程性"→"存储过程"节点，右击 "dbo.ProAvgPrice"，在弹出的快捷菜单中选择"编写存储过程脚本为"→"CREATE 到"→ "新查询编辑器窗口"命令，如图 10-10 所示。

图 10-10　查看存储过程 dbo.ProAvgPrice

4）在右边的编辑器窗口中出现存储过程 dbo.ProAvgPrice 源代码，如图 10-11 所示，用户可以对其修改。

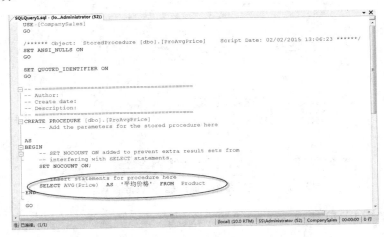

图 10-11　查看存储过程 dbo.ProAvgPrice 源代码

2. 使用命令方式查看存储过程

SQL Server 2008 可以使用命令方式即调用系统存储过程来查看有关存储过程的信息。

（1）sp_help

用于显示存储过程的信息，如存储过程的参数、创建日期等。其语法如下：

EXEC[UTE]　sp_help　*存储过程名*

（2）sp_helptext

用于显示存储过程的源代码。其语法如下：

EXEC[UTE]　sp_helptext　*存储过程名*

（3）sp_depends

用于显示和存储相关的数据库对象。其语法如下：

EXEC[UTE]　sp_ depends　*存储过程名*

【例 10-10】　使用相关系统存储过程查询【例 10-4】创建的存储过程 ProDep 的所有者、创建时间和各个参数的信息。

解：程序如下。

EXECUTE　sp_help　ProDep

执行结果如图 10-12 所示。

【例 10-11】　使用相关系统存储过程查询【例 10-4】创建的存储过程 ProDep 的源代码。

解：程序如下。

EXECUTE　sp_helptext　ProDep

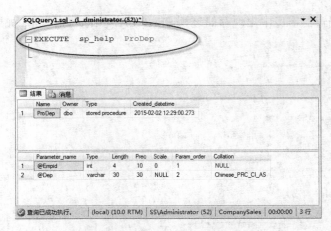

图 10-12　使用系统存储过程 sp_help 查看信息

执行结果如图 10-13 所示。

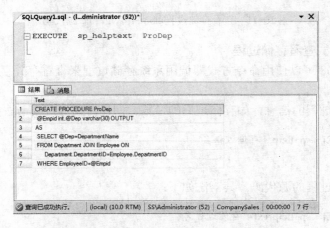

图 10-13　使用系统存储过程 sp_helptext 查看信息

10.3.2　修改存储过程

在创建存储过程之后，用户可以对其进行修改。

1. 使用 SQL Server Management Studio 修改存储过程

下面通过一个例子介绍如何使用 SQL Server Management Studio 修改存储过程。

【例 10-12】　使用 SQL Server Management Studio 修改【例 10-3】所创建的存储过程 ProIdProduct。

解：其操作步骤如下。

1）启动 SQL Server Management Studio。

2）在"对象资源管理器"中展开 SS 服务器节点。

3）展开"数据库"→"CompanySales"→"可编程性"→"存储过程"节点，右击 "dbo.ProIdProduct"，在弹出的快捷菜单中选择"修改"命令，如图 10-14 所示。

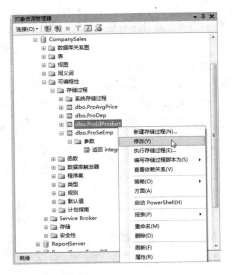

图 10-14　修改存储过程

4）此时右边的编辑器窗口出现 dbo.ProIdProduct 存储过程的源代码，可以直接进行修改。修改完毕，单击工具栏中的 ! 执行(X) 按钮执行该存储过程，完成修改。

2. 使用 ALTER PROCEDURE 语句修改存储过程

修改存储过程可以使用 ALTER PROCEDURE 语句以命令方式实现，既不会更改原存储过程的权限，也不会影响相关的存储过程或触发器。其语法如下：

```
ALTER  PROC[EDURE]
    [ { @参数 1 数据类型} [ = 默认值] [ OUTPUT ] ]
    [ { @参数 n 数据类型} [ = 默认值] [ OUTPUT ] ]
    [ WITH  { RECOMPILE | ENCRYPTION |  RECOMPILE , ENCRYPTION } ]
    [ FOR  REPLICATION]
AS
SQL 语句系列
```

其中，各参数的含义与创建存储过程时对应参数的含义相同，在此不再赘述。

【例 10-13】 修改【例 10-2】创建的存储过程 ProSeEmp，查询所有女员工的姓名、工资和所在部门号。

解：程序如下。

```
ALTER  PROCEDURE  ProSeEmp
AS
SELECT EmployeeName,Salary,DepartmentID
FROM Employee
```

10.3.3 重命名存储过程

1. 使用 SQL Server Management Studio 重命名存储过程

下面通过一个例子介绍如何使用 SQL Server Management Studio 重命名存储过程。

【例 10-14】 使用 SQL Server Management Studio 将【例 10-1】创建的存储过程

dbo.ProAvgPrice 重命名为"dbo.ProAvgPriceTest"。

解：其操作步骤如下。

1）启动 SQL Server Management Studio。

2）在"对象资源管理器"中展开 SS 服务器节点。

3）展开"数据库"→"CompanySales"→"可编程性"→"存储过程"节点，右击"dbo. ProAvgPrice"，在弹出的快捷菜单中选择"重命名"命令，如图 10-15 所示。

图 10-15　重命名存储过程

4）此时存储过程名称 dbo.ProAvgPrice 变成可编辑的，直接修改为 dbo.ProAvg PriceTest。

2. 使用命令方式重命名存储过程

重命名存储过程可以通过系统存储过程 sp_rename 实现，其语法如下：

  EXEC　sp_rename　*原存储过程名，新存储过程名*

【例 10-15】 使用 sp_rename 系统存储过程将【例 10-14】重命名的存储过程 dbo. ProAvgPriceTest 再重命名为 dbo.ProAvgPrice。

解：程序如下。

  USE　CompanySales
  GO
  EXECUTE　sp_rename　ProAvgPriceTest , ProAvgPrice

10.3.4　删除存储过程

当不需要存储过程时，用户可以将其删除。

1. 使用 SQL Server Management Studio 删除存储过程

下面通过一个例子介绍如何使用 SQL Server Management Studio 删除存储过程。

【例 10-16】 使用 SQL Server Management Studio 删除存储过程 ProAvgPrice（已创建）。

解：其操作步骤如下。

1）启动 SQL Server Management Studio。

2）在"对象资源管理器"中展开 SS 服务器节点。

3）展开"数据库"→"CompanySales"→"可编程性"→"存储过程"节点，右击 "dbo. ProAvgPrice"，在弹出的快捷菜单中选择"删除"命令，如图 10-16 所示。

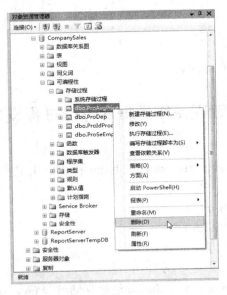

图 10-16　删除存储过程

4）出现"删除对象"对话框，如图 10-17 所示，单击"确定"按钮即可删除该存储过程。

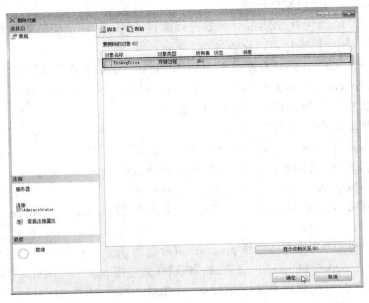

图 10-17　"删除对象"对话框

2. 使用 DROP PROCEDURE 语句删除存储过程

删除存储过程可以使用 DROP PROCEDURE 语句实现，可以删除一个或多个存储过程。其语法如下：

DROP PROCEDURE *存储过程 1 [, 存储过程 n]*

【例 10-17】 使用 DROP PROCEDURE 语句删除存储过程 ProSeEmp（已创建）。

解：程序如下。

```
USE    CompanySales
GO
DROP    PROCEDURE   ProSeEmp
```

10.4　实训——设备管理系统数据库存储过程设计

1. 实训目的

1）掌握使用 SQL Server Management Studio 和 T-SQL 语句两种方式创建存储过程的方法。

2）掌握执行存储过程的方法。

3）掌握修改存储过程的方法。

4）掌握删除存储过程的方法。

2. 实训内容

1）使用 SQL Server Management Studio 创建存储过程 proc_sel_device，用于查询所有设备的信息。

2）使用 T-SQL 语句创建带有参数的存储过程 proc_ins_user，向 user_info_tab 表中插入数据。其中输入参数用于设置字段的值。

3）使用 T-SQL 语句，创建带有参数的存储过程 proc_sel，查询指定设备号的设备名称。其中输入参数用于接收指定的设备号。

4）使用 T-SQL 语句，创建存储过程 proc_sel_lend，查询所有设备的借出情况。

5）使用 SQL Server Management Studio 执行存储过程 proc_sel_device。

6）使用 T-SQL 语句执行存储过程 proc_ins_user。

7）使用 T-SQL 语句执行存储过程 proc_sel。

8）使用 T-SQL 语句执行存储过程 proc_sel_lend。

9）使用 SQL Server Management Studio 查看存储过程 proc_sel_device。

10）使用 sp_helptext 查看存储过程 proc_sel_device。

11）使用 SQL Server Management Studio 将存储过程 proc_sel_device 重命名为 proc_sel_device_Test。

12）使用 T-SQL 语句将存储过程 proc_sel 重命名为 proc_sel_Test。

13）使用 SQL Server Management Studio 删除存储过程 proc_sel_device_Test。

14）使用 T-SQL 语句删除存储过程 proc_sel_Test。

15）创建一个存储过程 ProSum，求 1+2+...+100。

10.5 习题

1. 创建存储过程使用＿＿＿＿＿＿＿＿＿语句，执行使用＿＿＿＿＿＿＿语句，查看使用
＿＿＿＿＿＿语句，删除使用＿＿＿＿＿＿＿＿＿＿＿语句。

2. 系统存储过程创建和保存在＿＿＿＿＿＿＿＿数据库中，都以＿＿＿＿＿为名称的
前缀在任何数据库中使用系统存储过程。

3. 创建存储过程时，参数的默认值必须是＿＿＿＿＿＿＿或 NULL。

4. 下面关于 CREATE PROCEDURE 语句的描述正确的是（　　）。
   A. CREATE PROCEDURE 语句不允许出现其他 CREATE PROCEDURE 语句，即不
   允许嵌套使用 CREATE PROCEDURE 语句
   B. CREATE PROCEDURE 语句中不允许出现多个 SELECT 语句
   C. CREATE PROCEDURE 语句中不允许出现子查询
   D. CREATE PROCEDURE 语句中不允许出现 CREATE TABLE

5. 存储过程由（　　）激活。
   A. 自动执行　　　　　　　　　　　B. 应用程序
   C. 系统程序　　　　　　　　　　　D. 以上都是

6. 下面对存储过程描述正确的是（　　）。
   A. 定义了一个有相关行和列的集合
   B. 当用户修改数据时，一个特殊形式的存储过程被自动执行
   C. SQL 语句的预编译集合
   D. 它根据一或多列的值，提供对数据库表的行的快速访问

7. 在 SQL Server 2008 中，系统存储过程（　　）。
   A. 用来代替用户定义的存储过程
   B. 用来在查询分析器中修改
   C. 带有"sp_"前缀
   D. 存储在 Master 数据库中

8. 对于下面的存储过程：

```
CREATE PROCEDURE MyPro
@p int
AS
SELECT * FROM Product WHERE Price=@p
```

如果在数据库中查找价格是 30 的商品信息，正确调用存储过程的是（　　）。
   A. EXEC MyPro @p=30　　　　　　B. MyPro @p=30
   C. EXEC MyPro p=30　　　　　　　D. MyPro p=30

9. 什么是存储过程？存储过程分成哪几类？

10. 使用存储过程有哪些优点？

第11章 触 发 器

触发器是客户/服务器数据库的一种关键特性。使用触发器，开发人员可以在数据库引擎上稳固地实现复杂的业务规则。本章介绍触发器的概念、使用方法。

11.1 触发器概述

触发器是一种特殊类型的存储过程，它与前面章节讲解的存储过程不同。存储过程可以通过存储过程名来调用，而触发器是一段能自动执行的程序，不由用户直接调用，不能带有参数，也没有返回值。当用户对表进行了诸如 INSERT、UPDATE、DELETE 等操作时，SQL Server 就会自动执行触发器所事先定义好的语句。

11.1.1 触发器的作用

使用触发器的最终目标是为了更好地维护企业的业务规则，实现由主键和外键所不能保证的复杂参照完整性和数据一致性。除此以外，使用触发器还有以下的一些功能：

1．强化约束

触发器可以实现比 check 子句更为复杂的条件约束，check 约束在限制数据输入时不能参照其他表中的数据。

2．实现数据库中多张表的级联运行

触发器可以侦测数据库内的操作，并自动地级联整个数据库的各项内容。

3．跟踪数据变化

触发器可以跟踪数据库内的操作，当数据库发生了未经许可的更新和变化时，撤销或者回滚操作使数据库修改、更新操作更安全，数据库运行更稳定。

4．调用存储过程

触发器操作可以通过调用一个或多个存储过程，甚至可以通过调用外部过程完成相应的操作。

11.1.2 触发器的分类

SQL Server 包括 3 种常规类型的触发器：DML 触发器、DDL 触发器和登录触发器。

1．DML 触发器

当数据库中发生数据操作语言（DML）事件时将调用 DML 触发器。DML 事件包括在指定表或视图中修改数据的 INSERT 语句、UPDATE 语句或 DELETE 语句。DML 触发器可以查询其他表，还可以包含复杂的 Transact-SQL 语句，将触发器和触发它的语句作为可在触发器内回滚的单个事务对待。如果检测到错误（如磁盘空间不足等），则整个事务即自动回滚。

DML 触发器在以下方面非常有用：

1）DML 触发器可通过数据库中的相关表实现级联修改。不过，通过级联引用完整性约束可以更有效地进行这些更改。

2）DML 触发器可以防止恶意或错误的 INSERT、UPDATE 以及 DELETE 操作，并强制执行比 CHECK 约束定义的限制更为复杂的其他限制。与 CHECK 约束不同，DML 触发器可以引用其他表中的列。

例如，触发器可以使用另一个表中的 SELECT 比较插入或更新的数据，以及执行其他操作，如修改数据或显示用户错误信息。

3）DML 触发器可以评估数据修改前后表的状态，并根据该差异采取措施。

4）一个表中的多个同类 DML 触发器（INSERT、UPDATE 或 DELETE）允许采取多个不同的操作来响应同一个修改语句。

用户可以设计以下类型的 DML 触发器：

（1）后触发器（AFTER 触发器）

在执行了 INSERT、UPDATE 或 DELETE 语句操作之后执行的是 AFTER 触发器。后触发的特点是：若引起触发器执行的语句违反了某种约束，该语句不会执行，则后触发方式的触发器也不被激活；后触发方式只能创建在表上，不能创建在视图上；一个表可以有多个后触发方式的触发器。

（2）替代触发器（INSTEAD OF 触发器）

替代触发器的语句仅仅起到激活触发器的作用，一旦激活触发器后该语句即停止执行，立即转去执行触发器的程序，相当于禁止某种操作。一个表只能有一个替代触发的触发器，替代触发的触发器可以创建在表上，也可以创建在视图上。

2．DDL 触发器

DDL 触发器将激发存储过程以响应事件。但与 DML 触发器不同的是，它们不会为响应针对表或视图的 UPDATE、INSERT 或 DELETE 语句而激发。相反，它们将为了响应各种数据定义语言（DDL）事件而激发。这些事件主要与以关键字 CREATE、ALTER 和 DROP 开头的 Transact-SQL 语句对应。

DDL 触发器可用于管理任务，例如审核和控制数据库操作。

如果要执行以下操作，可使用 DDL 触发器：

1）要防止对数据库架构进行某些更改。

2）希望数据库中发生某种情况以响应数据库架构中的更改。

3）要记录数据库架构中的更改或事件。

仅在运行触发 DDL 触发器的 DDL 语句后，DDL 触发器才会激发。DDL 触发器无法作为 INSTEAD OF 触发器使用。

3．登录触发器

登录触发器将为响应 LOG ON 事件而激发存储过程，与 SQL Server 实例建立用户会话时将引发此事件。登录触发器将在登录的身份验证阶段完成之后且用户会话实际建立之前激发。

用户可以使用登录触发器来审核和控制服务器会话，例如通过跟踪登录活动、限制 SQL Server 的登录名或限制特定登录名的会话数。

本章将重点介绍 DML 触发器、DDL 触发器和登录触发器只作大概了解。

11.1.3　比较触发器与约束

约束和 DML 触发器在特殊情况下各有优点。DML 触发器的主要优点在于它们可以包含使用 Transact-SQL 代码的复杂处理逻辑。因此，DML 触发器可以支持约束的所有功能，但 DML 触发器对于给定的功能并不总是最好的方法。

当约束支持的功能无法满足应用程序的功能要求时，DML 触发器非常有用。例如：

1）除非 REFERENCES 子句定义了级联引用操作，否则 FOREIGN KEY 约束只能用与另一列中的值完全匹配的值来验证列值。

2）约束只能通过标准化的系统错误来传递错误信息。如果应用程序需要（或能受益于）使用自定义消息和较为复杂的错误处理，则必须使用触发器。

3）DML 触发器可以将更改通过级联方式传播给数据库中的相关表；不过，通过级联引用完整性约束可以更有效地执行这些更改。

4）DML 触发器可以禁止或回滚违反引用完整性的更改，从而取消所尝试的数据修改。当更改外键且新值与其主键不匹配时，这样的触发器将生效。但是，FOREIGN KEY 约束通常用于此目的。

5）如果触发器表上存在约束，则在 INSTEAD OF 触发器执行后但在 AFTER 触发器执行前检查这些约束。如果违反了约束，则回滚 INSTEAD OF 触发器操作并且不执行 AFTER 触发器。

11.2　创建触发器

用户可以使用 CREAT TRIGGER 语句来完成对触发器的创建操作，创建 DML 触发器的基本语法如下：

```
CREATE TRIGGER trigger_name
ON { table | view }
[ WITH ENCRYPTION ]
{ FOR | AFTER | INSTEAD OF }
{ [ INSERT ] [ , ] [ UPDATE ] [ , ] [ DELETE ] }
[ WITH APPEND ]
[ NOT FOR REPLICATION ]
AS
```

其中，

trigger_name：触发器的名称。trigger_name 必须遵循标识符规则，且不能以#或##开头。

table | view：对其执行 DML 触发器的表或视图，有时称为触发器表或触发器视图。视图只能被 INSTEAD OF 触发器引用，不能对局部或全局临时表定义 DML 触发器。

WITH ENCRYPTION：对 CREATE TRIGGER 语句的文本进行模糊处理。使用 WITH ENCRYPTION 可以防止将触发器作为 SQL Server 复制的一部分进行发布。不能为 CLR 触发器指定 WITH ENCRYPTION。

FOR | AFTER：AFTER 指定 DML 触发器仅在触发 SQL 语句中指定的所有操作都已成功执行时才被触发。所有的引用级联操作的约束检查也必须在激发此触发器之前成功完成。

如果仅指定 FOR 关键字，则 AFTER 为默认值。不能对视图定义 AFTER 触发器。

INSTEAD OF：指定执行 DML 触发器而不是触发 SQL 语句，因此，其优先级高于触发语句的操作。不能为 DDL 或登录触发器指定 INSTEAD OF。

{ [INSERT] [,] [UPDATE] [,] [DELETE] }：指定数据修改语句，这些语句可在 DML 触发器对此表或视图进行尝试时激活该触发器。必须至少指定一个选项。在触发器定义中允许使用上述选项的任意顺序组合。

WITH APPEND：指定应该再添加一个现有类型的触发器。

NOT FOR REPLICATION：指示当复制代理修改涉及触发器的表时，不应执行触发器。

这里需要注意的是：

1）CREATE TRIGGER 语句必须是一个批处理的第一条语句。

2）创建 DML 触发器的权限默认分配给表的所有者，且不能将该权限转给其他用户。

3）一个触发器只能创建在一个表上；一个表可以有一个替代触发器和多个后触发器。

4）虽然 DML 触发器可以引用当前数据库以外的对象，但只能在当前数据库中创建 DML 触发器。

5）触发器的定义语句中不能有任何用 CREATE 创建、用 ALTER 修改数据库或各种对象的语句，不允许使用任何的 DROP 语句。

6）TRUNCATE TABLE 虽然在功能上与 DELETE 类似，但是由于 TRUNCATE 删除记录时不被记入事务日志，所以该语句不能激活 DELETE 删除操作的触发器。

7）WRITETEXT 命令不会触发 INSERT 或者 UPDATE 触发器运行。

触发器作为一种数据库对象，在 syscomments 系统表中存储其完整的定义信息，在 sysobjects 系统表中有该对象的记录。sysobjects 表中 name 列对应对象名，type 或 xtype 列对象对象类型，触发器用"TR"表示。

【例 11-1】 创建一个后触发的触发器，显示修改记录的条数。

代码清单如下：

```
USE    CompanySales
GO
--检测是否存在相同名字的触发器,如果存在就把它删除,避免调试时的麻烦
IF EXISTS(SELECT name FROM sysobjects
          WHERE name='employee_tri' and type='TR')
DROP TRIGGER Employee_tri
GO
CREATE TRIGGER Employee_tri        --创建触发器
ON Employee
AFTER UPDATE
AS
DECLARE @c int
SELECT @c=@@rowcount
PRINT '一共修改了'+char(48+@c)+'行'
GO
```

在查询页中输入以上代码，单击 ![执行(X)] 按钮，运行结果如图 11-1 所示。

当对 Employee 表修改时，触发器被触发，运行的结果如图 11-2 所示。

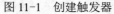

图 11-1　创建触发器

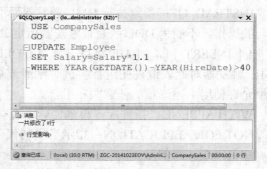

图 11-2　触发器被触发

11.3　修改、删除、重命名和查看触发器

本节主要介绍如何修改、删除、重命名和查看触发器信息。

11.3.1　修改触发器

修改触发器的方法很简单，其语法格式如下：

ALTER TRIGGER trigger_name
ON { table | view }
[WITH ENCRYPTION]
{ FOR | AFTER | INSTEAD OF }
{ [INSERT] [,] [UPDATE] [,] [DELETE] }
[NOT FOR REPLICATION]
AS

修改触发器与创建触发器几乎相同，只是把 CREATE 改为 ALTER 即可。

11.3.2　删除触发器

DROP TRIGGER 语句可以从当前数据库中删除一个或多个 DML 或 DDL 触发器，语法格式如下：

DROP TRIGGER trigger_name [,…n]

11.3.3　重命名触发器

系统存储过程 sp_rename 用来重命名，语法格式如下：

[EXECUTE] sp_rename [@objname =] ' object_name ', [@newname =] 'new_name'

11.3.4　查看触发器信息

用户可以使用以下几个系统存储过程来查看触发器的信息。

1．查看触发器基本信息

查看触发器的基本信息的语法格式如下：

> **[EXECUTE] sp_help** 触发器名

2．查看触发器定义

查看触发器定义的语法格式如下：

> **[EXECUTE] sp_helptext** 触发器名

3．查看触发器的依赖关系

查看触发器与其他数据库对象的依赖关系的语法格式如下：

> **[EXECUTE] sp_depends** 触发器名

4．查看指定表上指定类型的触发器信息

查看指定表上指定类型的触发器信息的语法格式如下：

> **[EXECUTE] sp_helptrigger [@tabname =] 'table' [, [@triggertype =] 'type']**

其中，

[@tabname =] 'table'：当前数据库中将为其返回触发器信息的表的名称。

[@triggertype =] 'type'：将为其返回有关信息的 DML 触发器的类型。type 可以是 DELETE、INSERT 或 UPDATE 中的值。

11.4　触发器的使用

本节通过具体实例介绍在使用触发器时，可能用到的两张临时表，即 INSERTED 表和 DELETED 表。

11.4.1　INSERTED 表和 DELETED 表

在使用触发器的过程中，SQL Server 提供了两张特殊的临时表，分别是 INSERTED 表和 DELETED 表，它们与创建的触发器表有相同的结构。

用户可以使用这两张表来检测某些修改操作所产生的影响。不论是后触发还是替代触发，每个触发器被激活时，系统自动为它们创建这两张临时表。触发器一旦执行完成，这两张表将被自动删除，所以只能在触发器运行期间使用 SELECT 语句查询到两张表，但不允许进行修改。

用 INSERT 语句插入记录激活触发器时，系统在原表插入记录的同时，也自动把记录插入到 INSERTED 临时表中。

用 DELETE 语句删除记录激活触发器时，系统在原表删除记录的同时，自动把删除的记录添加到 DELETED 临时表中。

用 UPDATE 语句修改记录激活触发器时，这一事务由两部分组成，首先将旧的数据行从基本表中转移到 DELETED 表中，然后将新的数据行同时插入到基本表和 INSERTED 临时表。

11.4.2 触发器示例

下面举例说明每种类型触发器的使用方法。

【例 11-2】 定义一个 DELETE 触发器,实现当删除某个员工的信息后,级联删除该名员工的销售记录。

注意:触发器程序运行之前,有时会根据题目需要暂时把表中某些约束解除。比如本例中,由于 Sell_order 表和 Purchase_order 表定义了外键,参照 Employee 表,故在做此例时,暂时删除外键关系,否则程序运行提示错误。

代码清单如下:

```
USE CompanySales
GO
IF EXISTS(SELECT name FROM sysobjects
        WHERE name='employee_del_tri' and type='TR')
DROP TRIGGER employee_del_tri
GO
CREATE TRIGGER employee_del_tri              --创建触发器
ON Employee
AFTER DELETE
AS
BEGIN
DECLARE @eid char(6)
SELECT @eid=Employeeid FROM   DELETED        --使用 DELETED 表中数据
DELETE FROM Sell_order WHERE Employeeid=@eid
END
GO
```

在查询页中输入以上代码,单击 执行(X) 按钮,运行结果如图 11-3 所示。

删除某员工信息后,触发器被触发,运行的结果如图 11-4 所示。

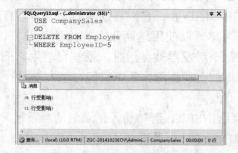

图 11-3 定义 DELETE 触发器   图 11-4   DELETE 触发器被触发

【例 11-3】 定义一个 INSERT 触发器,实现当向 Sell_order 表中添加销售记录时,级联更新 Product 表中该种销售出的商品的 ProductSellNumber 和 ProductStockNumber 字段的值。

代码清单如下:

```
USE CompanySales
```

```
GO
IF EXISTS(SELECT name   FROM sysobjects
          WHERE name='sell_ins_tri' and type='TR')
DROP TRIGGER sell_ins_tri
GO
CREATE TRIGGER sell_ins_tri                                    --创建触发器
ON Sell_order
AFTER INSERT
AS
BEGIN
DECLARE @pid int,@snum int
SELECT @pid=ProductID,@snum=SellOrderNumber   FROM   INSERTED   --使用 INSERTED 表
UPDATE   Product
SET ProductStockNumber=ProductStockNumber-@snum,
    ProductSellNumber=ProductSellNumber+@snum
WHERE ProductID=@pid
END
GO
```

在查询页中输入以上代码，单击 ! 执行(X) 按钮，运行结果如图 11-5 所示。

触发器被触发前，Product 表中 1 号产品的 ProductStockNumber 和 ProductSellNumber 如图 11-6 所示。触发器被触发后，运行结果如图 11-7 所示，此时，Product 表中记录的变化如图 11-8 所示。

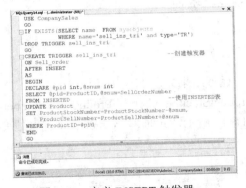

图 11-5　定义 INSERT 触发器

	ProductID	ProductName	Price	ProductStockNumber	ProductSellNumber
1	1	路由器	4.50	100	40
2	2	果冻	1.00	2000	1000
3	3	打印纸	20.00	100	1000
4	4	墨盒	80.00	3400	3000
5	5	鼠标	40.00	4566	4500
6	6	键盘	80.00	500	500
7	7	优盘	40.00	9000	7000
8	8	牙刷	6.05	9000	8900
9	9	Usb鼠标	50.00	870	80
10	10	圆珠笔	0.61	8000	450
11	11	水笔	0.30	5400	4000
12	12	水彩笔	16.50	100	10
13	13	蜡笔	7.00	20	10
14	14	橡皮	2.00	30	10
15	15	苹果汁	4.24	70	30
16	16	橘子汁	4.54	100	20

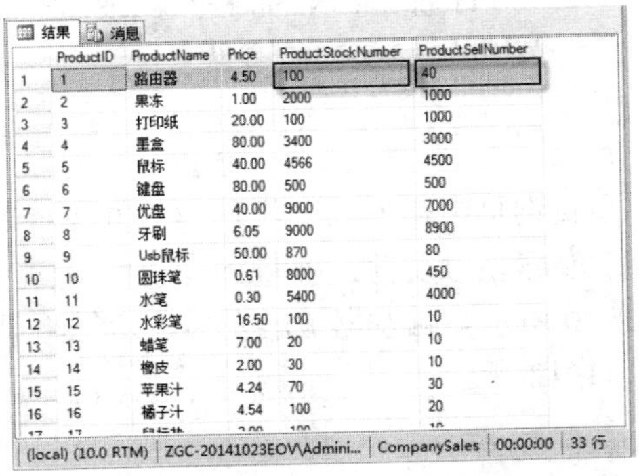

图 11-6　INSERT 触发器触发前 Product 表

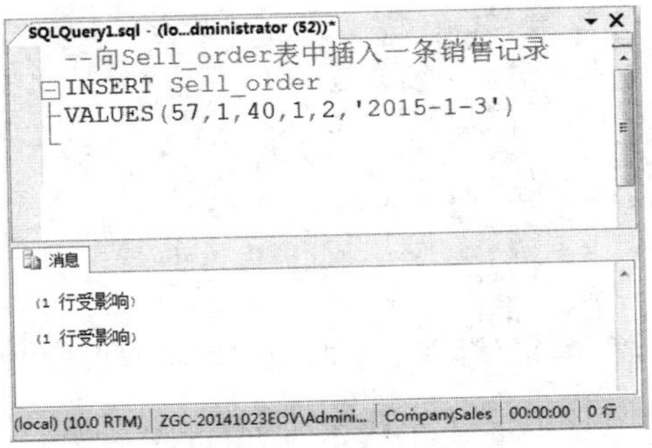

图 11-7　INSERT 触发器被触发

	ProductID	ProductName	Price	ProductStockNumber	ProductSellNumber
1	1	路由器	4.50	60	80
2	2	果冻	1.00	2000	1000
3	3	打印纸	20.00	100	1000
4	4	墨盒	80.00	3400	3000
5	5	鼠标	40.00	4566	4500
6	6	键盘	80.00	500	500
7	7	优盘	40.00	9000	7000
8	8	牙刷	6.05	9000	8900
9	9	Usb鼠标	50.00	870	80
10	10	圆珠笔	0.61	8000	450
11	11	水笔	0.30	5400	4000
12	12	水彩笔	16.50	100	10
13	13	蜡笔	7.00	20	10
14	14	橡皮	2.00	30	10
15	15	苹果汁	4.24	70	30

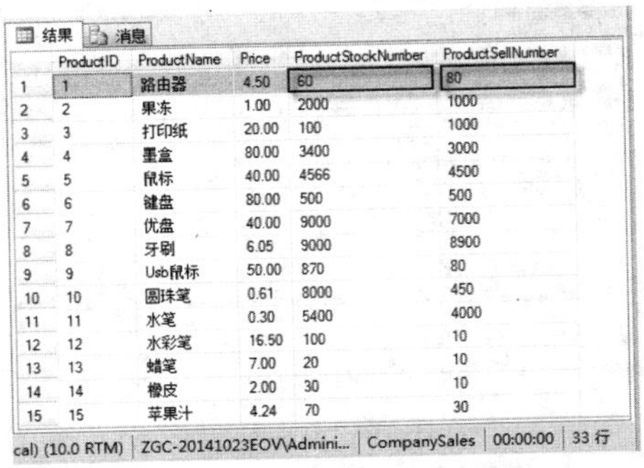

图 11-8　INSERT 触发器触发后 Product 表

【例 11-4】 定义一个 UPDATE 触发器，实现当修改 Sell_order 表中销售记录的 SellOrderNumber 时，级联更新 Product 表中该种修改商品的 ProductSellNumber 和 ProductStockNumber 字段的值。

代码清单如下：

```
USE CompanySales
GO
IF EXISTS(SELECT name FROM sysobjects
          WHERE name='sell_upd_tri' and type='TR')
DROP TRIGGER sell_upd_tri
GO
CREATE TRIGGER sell_upd_tri          --创建触发器
ON Sell_order
AFTER UPDATE
AS
BEGIN
DECLARE @pid int,@oldnum int,@newnum int
SELECT @pid=Productid,@oldnum=SellOrderNumber
FROM   DELETED                       --使用 DELETED 表
SELECT @newnum=SellOrderNumber
FROM   INSERTED                      --使用 INSERTED 表
UPDATE   Product
SET ProductStockNumber=ProductStockNumber-(@newnum-@oldnum),
    ProductSellNumber=ProductSellNumber+(@newnum-@oldnum)
WHERE Productid=@pid
END
GO
```

在查询页中输入以上代码，单击 ! 执行(X) 按钮，运行结果如图 11-9 所示。

触发器被触发前，Product 表中 1 号产品的 ProductStockNumber 和 ProductSellNumber 如图 11-10 所示。触发器被触发后，运行结果如图 11-11 所示，此时，Product 表中记录的变化如图 11-12 所示。

图 11-9 UPDATE 触发器运行结果

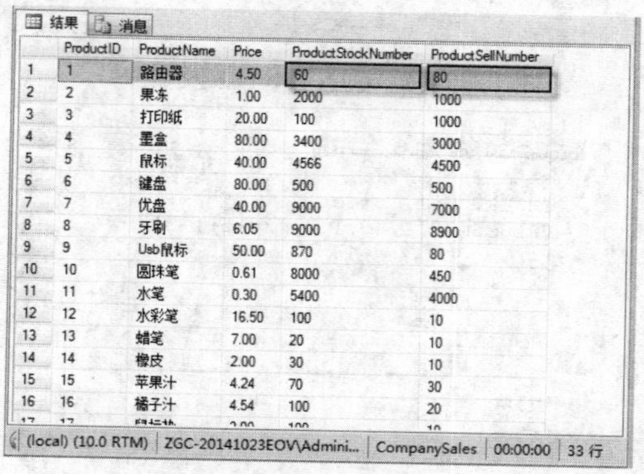

图 11-10 UPDATE 触发器触发前 Product 表

	ProductID	Product Name	Price	ProductStock Number	Product SellNumber
1	1	路由器	4.50	70	70
2	2	果冻	1.00	2000	1000
3	3	打印纸	20...	100	1000
4	4	墨盒	80...	3400	3000
5	5	鼠标	40...	4566	4500
6	6	键盘	40...	500	500
7	7	优盘	40...	9000	7000
8	8	牙刷	6.05	9000	8900
9	9	Usb鼠标	50...	870	80
10	10	圆珠笔	0.61	8000	450
11	11	水笔	0.30	5400	4000
12	12	水彩笔	16...	100	10
13	13	蜡笔	7.00	20	10
14	14	橡皮	2.00	30	10
15	15	苹果汁	4.24	70	30
16	16	橘子汁	4.54	100	20

图 11-11 UPDATE 触发器被触发   图 11-12 UPDATE 触发器触发后 Product 表

【例 11-5】 定义一个替代触发器，不允许对 Employee 员工表进行修改、删除。
代码清单如下：

```
USE CompanySales
GO
IF EXISTS(SELECT name FROM sysobjects
            WHERE name='employee_delete' and type='TR')
DROP TRIGGER employee_delete
GO
CREATE TRIGGER employee_delete              --创建触发器
ON Employee
INSTEAD OF UPDATE,DELETE
AS
PRINT'请原谅，员工数据不允许修改和删除！'
GO
```

在查询页中输入以上代码，单击 执行(X) 按钮，运行结果如图 11-13 所示。
删除员工信息后，触发器被触发，运行的结果如图 11-14 所示。

图 11-13 定义替代触发器

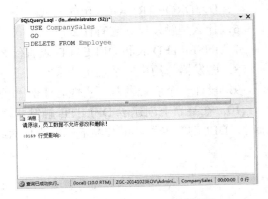

图 11-14 替代触发器被触发

11.5　实训——设备管理系统数据库触发器设计

1. 实训目的

1）理解触发器的意义。

2）掌握触发器的创建、查看、修改、删除与应用。

3）正确区分 AFTER 触发器和 INSTEAD OF 触发器。

2. 实训内容

1）在设备管理系统数据库 Assets 中，创建触发器 tri_lend，当某件设备被借出时，自动将该件设备的 lend_status 设置为 1（借出状态），并填充借出序号（lend_id）。

2）在设备管理系统数据库 Assets 中，创建触发器 tri_del，禁止删除 device_info_tab 表中的数据（分别考虑使用 AFTER 触发器和 INSTEAD OF 触发器两种方式）。

11.6　习题

1. 在 SQL Server 中，有 3 类触发器分别用于 INSERT、_____和_____。

2. 触发器采用事件驱动机制，当某个_____发生时，定义在触发器中的功能将被 DBMS 自动执行。

3. 一个表上可以有（　　）不同类型的触发器。

  A. 1 种   B. 2 种

  C. 3 种   D. 无限制

4. 在对表中的数据进行修改时，对数据实施完整性检查，激活的触发器是（　　）。

  A. INSERT 触发器   B. DELETE 触发器

  C. UPDATE 触发器   D. 以上 3 种都可以

5. 使用（　　）语句删除触发器 trigger_test。

  A. DROP * FROM trigger_test

  B. DROP trigger_test

  C. DROP TRIGGER WHERE NAME='trigger_test'

  D. DROP TRIGGER trigger_test

6. 什么是触发器？它有什么作用？

7. INSERTED 表和 DELETED 表有什么作用？

8. 触发器与约束的区别是什么？

9. 设计一个后触发器，实现与【例 11-5】相同的功能。

10. 在某表上创建了 DELETE 触发器，当使用 TRUNCATE TABLE 语句删除表中的记录时，DELETE 触发器能被激活吗？为什么？

第12章 事务和锁

数据库是可供多个用户共享的信息资源，允许多个用户同时使用数据库的系统成为多用户数据库系统。当多个用户并发地存取数据库时，就会产生多个事务同时存取同一数据的情况。数据库的并发控制就是控制数据库，防止多用户并发使用数据库时造成数据错误和程序运行错误，保证数据的完整性。事务是多用户系统的一个数据操作基本单元，封锁是使事务对它要操作的数据有一定的控制能力。

12.1 事务

多用户并发存取同一数据可能会引起数据的不一致性问题。正确地使用事务可以有效地控制这类问题发生的频度，甚至能避免这类问题的发生。

事务（Transaction）是指一个操作序列，这些操作序列要么都被执行，要么都不被执行，它是一个不可分割的工作单元。事务中任何一条语句执行时出错，都必须取消或回滚该事务，即撤销该事务已做的所有动作，系统返回到事务开始前的状态。事务是并发控制的基本单元，是数据库维护数据一致性的单位。在每个事务结束时，都能保持数据一致性。例如，银行转账工作，从一个账号扣款并使另一个账号增款，这两个操作要么都被执行，要么都不被执行，因此应该把它们看成一个事务。

12.1.1 事务的特性及管理

1. 事务的特性

当事务处理系统创建事务时，将确保事务具有某些特性，这些特性称为 ACID 特性。ACID 就是原子性（Atomicity）、一致性（Consistency）、隔离性（Isolation）和持久性（Durabilily）。

（1）原子性

原子性属性用于标识事务是否完全完成，一个事务的任何更新要在系统上完全完成，如果由于某种原因出错，事务不能完成它的全部任务，系统将返回到事务开始前的状态。

例如，银行转账时，如果在转账的过程中出现错误，整个事务将会回滚。只有当事务中的所有部分都成功执行了，才将事务写入磁盘并使变化永久化。

（2）一致性

事务在系统完整性中实施一致性，这通过保证系统的任何事务最后都处于有效状态来实现。如果事务成功地完成，那么系统中所有变化将正确应用，系统处于有效状态。如果在事务中出现错误，那么系统中的所有变化将自动回滚，系统返回到原始状态。因为事务开始时系统处于一致状态，所以现在系统仍然处于一致状态。

例如，银行转账时，在账户转换和资金转移前，账户处于有效状态。如果事务成功地完成，并且提交事务，则账户处于新的有效状态。如果事务出错，终止后，账户返回到原先的有效状态。

（3）隔离性

在隔离状态执行事务，使它们好像是系统在给定时间内执行的唯一操作。如果有两个事务运行在相同的时间内执行相同的功能，事务的隔离性将确保每一事务在系统中认为只有该事务在使用系统。这种属性有时称为串行化，为了防止事务操作间的混淆，必须串行化或序列化请求，使得在同一时间仅有一个请求用于同一数据。

例如，在银行系统中，其他过程和事务在我们的事务完成前看不到我们的事务引起的任何变化，这对于终止的情况非常重要。如果有另一个过程根据账户余额进行相应处理，而它在我们的事务完成前就能看到它造成的变化，那么这个过程的决策可能建立在错误的数据之上，因为我们的事务可能终止。这就说明了为什么事务产生的变化，直到事务完成，才对系统的其他部分可见。

（4）持久性

持久性意味着一旦事务执行成功，在系统中产生的所有变化将是永久的，接下来的其他操作或故障不应该对其结果产生任何影响。

2．事务的管理

在 SQL Server 2008 中，对事务的管理包含以下 3 个方面。

- 事务控制语句：控制事务执行的语句，包括将一系列操作定义为一个工作单元来处理。
- 锁机制：封锁正被一个事务修改的数据，防止其他用户访问到"不一致"数据。
- 事务日志：使事务具有可恢复性。

12.1.2 事务控制语句

SQL Server 2008 为每个独立的 SQL 语句都提供了隐含的事务控制，使得每个 DML 的数据操作得以完整提交或回滚，但是 SQL Server 2008 还提供了显式事务控制语句。

在 SQL Server 2008 中，对事务的管理是通过事务控制语句和几个全局变量结合起来实现的。

1．事务控制语句

- BEGIN TRANSACTION[tran_name]：标识一个用户定义的事务的开始。tran_name 为事务的名字，标识一个事务开始。
- COMMIT TRANSACTION[tran_name]：表示提交事务中的一切操作，结束一个用户定义的事务，使得对数据库的改变生效。
- ROLLBACK TRANSACTION[tran_name|save_name]：回退一个事务到事务的开头或一个保存点。表示要撤销该事务已做的操作，回滚到事务开始前或保存点前的状态。
- SAVE TRANSACTION save_name：在事务中设置一个保存点，名字为 "save_name"，它可以使一个事务内的部分操作回退。

其中，TRANSACTION 可简写为 TRAN。

2．两个可用于事务管理的全局变量

两个可用于事务管理的全局变量是@@error 和@@rowcount。

● @@error：给出最近一次执行的出错语句引发的错误号，@@error 为 0 表示未出错。

● @@rowcount：给出事务中已执行语句所影响的数据行数。

3．事务控制语句的使用

事务控制语句的使用方法如下：

```
BEGIN   TRAN
        A 组语句序列
        SAVE   TRAN   save_point
        B 组语句序列
        IF    @@error<>0
            ROLLBACK   TRAN   save_point
            /* 仅回退 B 组语句序列 */
COMMIT   TRAN
            /* 提交 A 组语句，且若未回退 B 组语句，则提交 B 组语句 */
```

【例 12-1】 转账事务模拟。

解：具体操作步骤如下。

1）在 SQL Server 2008 中打开"查询管理器"，输入代码。功能：创建一张表并设置字段约束，向表中插入 4 条记录，用来模拟账户情况。

```
IF Exists (Select * From sysobjects Where name='bank')
DROP TABLE bank
GO
CREATE TABLE bank
( bankid int identity(1,1) Primary Key ,
username varchar(50) not null,
rmbnum float not null )
-- add constraint   限制账户存额不小于
ALTER TABLE bank add constraint CK_bank_rmbnum check(rmbnum>0)
-- init table bank
INSERT INTO Bank (username,rmbnum)
VALUES ('张三',10000)
INSERT INTO Bank (username,rmbnum)
VALUES ('李四',10000)
INSERT INTO Bank (username,rmbnum)
VALUES ('王五',10000)
INSERT INTO Bank (username,rmbnum)
VALUES ('赵六',10000)
```

2）继续输入以下代码，功能是：执行转账，将张三的账户上划 2 万到李四的账户上，但前者失败后者成功。因为张三账户余额不足。

```
DECLARE @howmuch float
SET @howmuch=20000
```

```
UPDATE bank
SET rmbnum=rmbnum-@howmuch
WHERE username='张三'
UPDATE bank
SET rmbnum=rmbnum+@howmuch
WHERE username='李四'
```

3）继续输入以下代码，功能是：将账户恢复原始数值，为使用事务做准备。

```
UPDATE bank
SET rmbnum=10000
```

4）继续输入以下代码，功能是：事务模拟。

```
PRINT('查看转账前账户余额：')
SELECT * FROM bank
BEGIN TRANSACTION
DECLARE @errno int
DECLARE @num int
SET @errno=0
SET @num=50000
--将王五的账户减少@num
UPDATE Bank
SET rmbnum=rmbnum-@num
WHERE username='王五'
SET @errno=@errno+@@error
--加上执行过程中产生的错误编号
-- 将赵六的账户增加@num
UPDATE bank
SET rmbnum=rmbnum+@num
WHERE username='赵六'
SET @errno=@errno+@@error
-- 根据是否产生错误决定事务是提交还是撤销
IF @errno>0
BEGIN
PRINT('事务处理失败，回滚事务！')
ROLLBACK TRANSACTION
END
ELSE
BEGIN
PRINT('事务处理成功，提交事务！')
COMMIT TRANSACTION
END
PRINT('查看转账后账户余额：')
SELECT * FROM Bank
```

5）单击 ! 执行(X) 按钮，运行结果如图 12-1 所示。

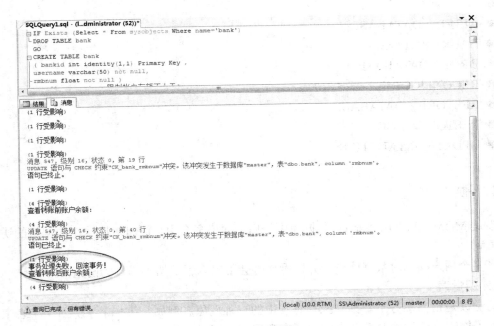

图 12-1　事务模拟

6）结果集显示，如图 12-2 所示。

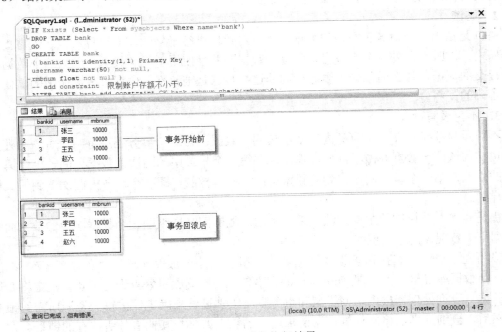

图 12-2　事务执行结果

4. 事务中不能包含的语句

在事务中不能包含如下语句：

● CREATE　DATABASE；

- ALTER DATABASE；
- BACKUP LOG；
- DROP DATABASE；
- RECONFIGURE；
- RESTORE DATABASE；
- RESTORE LOG；
- UPDATE STATISTICS。

12.2 锁

锁是 Microsoft SQL Server 数据库引擎用来同步多个用户同时对同一个数据块的访问的一种机制。

当多个用户同时对数据库进行并发操作时会带来以下数据不一致的问题。

1. 幻觉读

幻觉读是指当事务不是独立执行时发生的一种现象。例如，第一个事务对一个表中的数据进行了修改，这种修改涉及表中的所有数据行；同时，第二个事务也修改了这个表中的数据，这种修改是向表中插入一行新数据。那么，以后就会发生操作第一个事务的用户发现表中还有没有修改的数据行，就好像发生了幻觉一样。

2. 脏读

脏读是指当一个事务正在访问数据，并且对数据进行了修改，而这种修改还没有提交到数据库中；这时，另外一个事务也访问这个数据，并且使用了这个数据。因为这个数据是还没有提交的数据，那么另外一个事务读到的这个数据是脏数据，依据脏数据所做的操作可能是不正确的。

3. 不可重复读

不可重复读是指在一个事务内，多次读同一数据；在这个事务还没有结束时，另外一个事务也访问该同一数据并做了修改。那么，在第一个事务中的两次读数据之间，由于第二个事务的修改，第一个事务两次读到的数据可能是不一样的，即一个事务内两次读到的数据是不一样的。

锁是实现并发控制的主要方法，是多个用户能够同时操纵同一个数据库中的数据而不发生数据不一致现象的重要保障。

应用程序一般不直接请求锁。锁由数据库引擎的一个部件（称为"锁管理器"）在内部管理。当数据库引擎实例处理 Transact-SQL 语句时，数据库引擎查询处理器会决定将要访问哪些资源。查询处理器根据访问类型和事务隔离级别设置来确定保护每一资源所需的锁的类型。然后，查询处理器将向锁管理器请求适当的锁。如果与其他事务所持有的锁不会发生冲突，锁管理器将授予该锁。

12.2.1 锁的模式

Microsoft SQL Server 数据库引擎使用不同的锁模式锁定资源，这些锁模式确定了并发事务访问资源的方式，见表 12-1。

表 12-1 锁的模式

锁 模 式	说 明
共享（S）	用于不更改或不更新数据的读取操作，如 SELECT 语句
更新（U）	用于可更新的资源中。防止当多个会话在读取、锁定以及随后可能进行的资源更新时发生常见形式的死锁
排他（X）	用于数据修改操作，例如 INSERT、UPDATE 或 DELETE，确保不会同时对同一资源进行多重更新
意向	用于建立锁的层次结构。意向锁包含 3 种类型：意向共享（IS）、意向排他（IX）和意向排他共享（SIX）
架构	在执行依赖于表架构的操作时使用。架构锁包含两种类型：架构修改（Sch-M）和架构稳定性（Sch-S）
大容量更新（BU）	在向表进行大容量数据复制且指定了 TABLOCK 提示时使用
键范围	当使用可序列化事务隔离级别时保护查询读取的行的范围，确保再次运行查询时其他事务无法插入符合可序列化事务的查询的行

1. 共享锁

共享锁（S 锁）允许并发事务在封闭式并发控制下读取（SELECT）资源。资源上存在共享锁（S 锁）时，任何其他事务都不能修改数据。读取操作一完成，就立即释放资源上的共享锁（S 锁），除非将事务隔离级别设置为可重复读或更高级别，或者在事务持续时间内用锁定提示保留共享锁（S 锁）。

2. 更新锁

更新锁（U 锁）可以防止常见的死锁。在可重复读或可序列化事务中，此事务读取数据（获取资源（页或行）的共享锁（S 锁）），然后修改数据（此操作要求锁转换为排他锁（X 锁））。如果两个事务获得了资源上的共享模式锁，然后试图同时更新数据，则一个事务尝试将锁转换为排他锁（X 锁）。共享模式到排他锁的转换必须等待一段时间，因为一个事务的排他锁与其他事务的共享模式锁不兼容，发生锁等待。第二个事务试图获取排他锁（X 锁）以进行更新。由于两个事务都要转换为排他锁（X 锁），并且每个事务都等待另一个事务释放共享模式锁，因此发生死锁。

3. 排他锁

排他锁（X 锁）可以防止并发事务对资源进行访问。使用排他锁（X 锁）时，任何其他事务都无法修改数据；仅在使用 NOLOCK 提示或未提交读隔离级别时才会进行读取操作。

4. 意向锁

意向锁主要用来保护共享锁（S 锁）或排他锁（X 锁）放置在锁层次结构的底层资源上，可以在较低级别锁前获取它们，因此会通知意向将锁放置在较低级别上。

意向锁有以下两种用途：

1）防止其他事务以会使较低级别的锁无效的方式修改较高级别资源。

2）提高数据库在较高的粒度级别检测锁冲突的效率。

意向锁包括意向共享（IS）、意向排他（IX）以及意向排他共享（SIX）。

5. 架构锁

数据库引擎在表数据定义语言（DDL）操作（例如添加列或删除表）的过程中使用架构修改（Sch-M）锁。保持该锁期间，Sch-M 锁将阻止对表进行并发访问，这意味着 Sch-M 锁在释放前将阻止所有外围操作。

数据库引擎在编译和执行查询时使用架构稳定性（Sch-S）锁。Sch-S 锁不会阻止某些事务锁，其中包括排他（X）锁。因此，在编译查询的过程中，其他事务（包括那些针对表使用 X 锁的事务）将继续运行。但是，无法针对表执行获取 Sch-M 锁的并发 DDL 操作和并发 DML 操作。

6．大容量更新锁

数据库引擎在将数据大容量复制到表中时使用了大容量更新（BU）锁，并指定了 TABLOCK 提示或使用 sp_tableoption 设置了 table lock on bulk load 表选项。大容量更新锁（BU 锁）允许多个线程将数据并发地大容量加载到同一表，同时防止其他不进行大容量加载数据的进程访问该表。

7．键范围锁

在使用可序列化事务隔离级别时，对于 Transact-SQL 语句读取的记录集，键范围锁可以隐式保护该记录集中包含的行范围。键范围锁可防止幻读。通过保护行之间键的范围，它还防止对事务访问的记录集进行幻像插入或删除。

12.2.2　死锁

在事务和锁的使用过程中，死锁是一个不可避免的现象。在两个或多个任务中，如果每个任务锁定了其他任务试图锁定的资源，此时会造成这些任务永久阻塞，从而出现死锁。

在以下两种情况下，可以发生死锁。

1）当两个事务分别锁定了两个单独的对象，这时每个事务都要求在另外一个事务锁定的对象上获得一个锁，因此每个事务都必须等待另外一个事务释放占有的锁，这时，就发生了死锁。这种死锁是最典型的死锁形式。例如，同一时间内有两个事务 A 和 B，事务 A 有两个操作：锁定表 Product 和请求访问表 Sell_order；事务 B 也有两个操作：锁定表 Sell_order 和请求访问表 Product。结果，事务 A 和 B 之间就会发生死锁。

2）当在一个数据库中，有若干个长时间运行的事务，它们执行并行的操作，当查询分析器处理一种非常复杂的查询（如连接查询）时，就可能由于不能控制处理的顺序，而发生死锁。

除非某个外部进程断开死锁，否则死锁中的两个事务都将无限期等待下去。Microsoft SQL Server 数据库引擎死锁监视器定期检查陷入死锁的任务。如果监视器检测到循环依赖关系，将选择其中一个任务作为牺牲品，然后终止其事务并提示错误。这样，其他任务就可以完成其事务。对于事务以错误终止的应用程序，它还可以重试该事务，但通常要等到与它一起陷入死锁的其他事务完成后执行。

12.3　习题

1．什么是事务？事务有哪些特性？

2．在 SQL Server 2008 中，对事务的管理包括哪些方面？

3．在事务中，全局变量@@error 和@@rowcount 的意义是什么？

4．在事务中能否包含 CREATE　DATABASE 语句？

5．多个用户同时对数据库进行并发操作时会带来哪些数据不一致的问题？

6．锁具有哪些模式？什么是死锁？

第13章　数据库的安全保护

数据的安全性管理是数据库服务器应实现的重要功能之一。数据的安全性是指保护数据以防止不合法的使用而造成数据的泄密和破坏。SQL Server 2008 数据库采用了复杂的安全保护措施，其安全管理体现在对用户登录进行身份验证，对用户的操作进行权限控制。本章主要介绍数据库的登录、角色以及权限管理。

13.1　数据库安全性控制

SQL Server 对用户登录进行身份验证，SQL Server 为 SQL 服务器提供有两种身份验证模式，系统管理员可选择合适的身份验证模式。

13.1.1　SQL Server 的身份验证模式

用户在 SQL Server 上获得对任何数据库的访问权限之前，必须进行合法的身份认证，才能登录到 SQL Server 上。如果身份认证通过，用户可以连接到 SQL Server 上，否则，服务器将拒绝用户登录，从而保护了数据安全。

SQL Server 有两种身份验证模式，即 Windows 身份验证模式和混合验证模式。

1. Windows 身份验证模式

Windows 身份验证模式是指要登录到 SQL Server 系统的用户身份由 Windows 系统来进行验证，即在 SQL Server 中可以创建与 Windows 用户账号对应的登录账号。采用这种方式验证身份，只要登录了 Windows 操作系统，登录 SQL Server 时就不需要再输入一次账号和密码了。

但是，所有能登录 Windows 操作系统的账号不一定都能访问 SQL Server。必须要由数据库管理员在 SQL Server 中创建与 Windows 账号对应的 SQL Server 账号，然后用该 Windows 账号登录 Windows 操作系统，才能直接访问 SQL Server。SQL Server 2008 默认本地 Windows 可以不受限制地访问数据库。

使用 Windows 身份验证具有以下优点：

1）用户账号的管理交由 Windows 操作系统管理，而数据库管理员可以专注于数据库的管理。

2）可以充分利用 Windows 操作系统的账号管理工具，包括安全验证、加密、审核等强大的账号管理功能。如果不是通过定制来扩展 SQL Server，SQL Server 是不具备这些功能的。

3）可以利用 Windows 的组策略，针对一组用户进行访问权限设置，因而可以通过 Windows 对用户进行集中管理。

2．混合验证模式

混合验证模式允许以 SQL Server 身份验证模式或者 Windows 身份验证模式来进行身份验证，能更好地适应用户的各种环境。

SQL Server 身份验证模式是输入登录名和密码来登录数据库服务器，SQL Server 在系统注册表中检测输入的登录名和密码，如果正确，则可以登录到 SQL Server 上。这些登录名和密码与 Windows 操作系统无关。使用 SQL Server 身份验证时，设置密码对于确保系统的安全性至关重要。

13.1.2　设置身份验证模式

在第一次安装 SQL Server（本书在第 4 章 SQL Server 2008 的安装中已经指定了身份验证模式为"混合模式"），或者使用 SQL Server 连接其他服务器的时候，需要指定身份验证模式。对于已经指定身份验证模式的 SQL Server 服务器，可以通过 SQL Server Management Studio 进行修改。修改步骤如下：

1）启动 SQL Server Management Studio。

2）在"对象资源管理器"中选择要设置验证模式的服务器（这里为本地服务器 SS），单击鼠标右键，在弹出的快捷菜单中选择"属性"命令，如图 13-1 所示。

图 13-1　选择服务器"属性"命令

3）出现"服务器属性"对话框，在左边的列表中选择"安全性"选项，如图 13-2 所示。在"服务器身份验证"选项组中可以选择要设置的验证模式，同时在"登录审核"选项组中还可以选择跟踪记录用户登录时的信息。

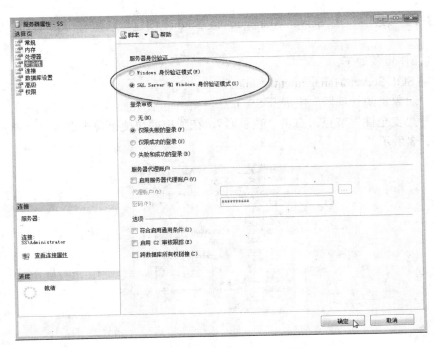

图 13-2 "服务器属性"对话框

4）在"服务器代理账户"选项组中设置当启动并运行 SQL Server 时，默认的登录者中的一位用户。

5）修改完毕，单击"确定"按钮。

13.2 用户和角色管理

SQL Server 的安全防线中突出两种管理：一是对用户或角色的管理，即控制合法用户使用数据库；二是对权限的管理，即控制具有数据操作权的用户进行合法的数据存取操作。用户是具有合法身份的数据库使用者，角色是具有一定权限的用户组合。SQL Server 的用户或角色分为二级：服务器级用户或角色以及数据库级用户或角色。

13.2.1 用户管理

在 SQL Server 中有两种类型的账户：一类是登录服务器的登录账号，其名称为登录名；另一类是使用数据库的用户账号，其名称为数据库用户名。登录账号是指能登录到 SQL Server 的账号，属于服务器的层面，本身并不能让用户访问服务器中的数据库，而登录者要使用服务器中的数据库时，必须要有用户账号才能访问数据库。

1. 登录名

无论使用哪种身份验证模式，用户必须先具备有效的用户登录账号。管理员可以通过 SQL Server Management Studio 对 SQL Server 2008 中的登录账号进行创建、修改、删除等管理。

（1）创建登录账号

下面通过一个例子介绍创建登录账号的方法。

【例 13-1】 使用 SQL Server Management Studio 创建登录账号 TEST/123（登录名/密码）。

解：其操作步骤如下。

1）启动 SQL Server Management Studio。

2）在"对象资源管理器"中展开 SS 节点。

3）展开"安全性"节点，右击"登录名"，在弹出的快捷菜单中选择"新建登录名"命令，如图 13-3 所示。

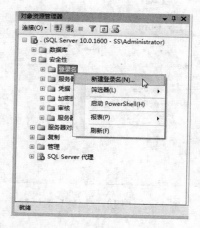

图 13-3　选择"新建登录名"命令

5）出现"登录名-新建"对话框。"常规"选项卡如图 13-4 所示，其中各项的功能说明如下。

● "登录名"文本框：用于输入登录名。

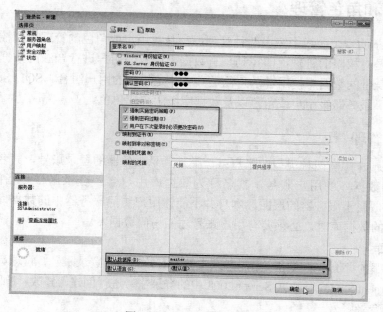

图 13-4　"常规"选项卡

- 身份验证区：用于选择身份验证信息，如果选择"Windows 身份验证"单选按钮，则"登录名"文本框中输入的名称必须已经存在于 Windows 操作系统的登录账号中；如果选择"SQL Server 身份验证"单选按钮，则需进一步输入密码和确认密码。
- "强制实施密码策略"复选框：如果选中该项，表示按照一定的密码策略来验证设置的密码，否则设置的密码可以为任意位数。
- "强制密码过期"复选框：若选中"强制实施密码策略"复选框，就可以选中该复选框使用密码过期策略来检验密码。
- "用户在下次登录时必须更改密码"复选框：若选中"强制实施密码策略"复选框，就可以选中该复选框，表示每次使用该登录名都必须更改密码。
- "默认数据库"下拉列表框：用于选择默认工作数据库。
- "默认语言"下拉列表框：用于选择默认工作语言。

这里，在"登录名"文本框中输入 TEST，选择"SQL Server 身份验证"，"密码"和"确认密码"输入 123。

注意：有些 Windows 版本不支持"强制实施密码策略"，可以不选中该项，否则无法创建登录名。

6）选择"状态"选项卡，从中可以设置是否允许登录名连接到数据库引擎，以及是否可用等。这里保持默认设置。

7）单击"确定"按钮，即可完成创建登录名 TEST，如图 13-5 所示。

8）使用登录名 TEST 登录到 SQL Server，验证该登录名。

图 13-5　登录名 TEST 创建成功

【**例 13-2**】使用系统存储过程 sp_addlogin 创建 3 个登录账号 XYZ/123、ABC/123 和 AAA/123。

解：程序如下。

```
EXECUTE    sp_addlogin    'XYZ','123'
EXECUTE    sp_addlogin    'ABC','123'
```

　　　　　EXECUTE　sp_addlogin　'AAA','123'

执行结果如图 13-6 所示。

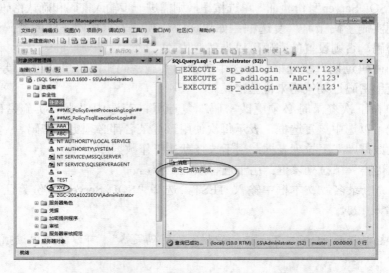

图 13-6　使用系统存储过程 sp_addlogin 创建登录名

（2）修改登录账号

下面通过一个例子介绍修改登录账号的方法。

【例 13-3】　使用 SQL Server Management Studio 修改登录账号 TEST，将其密码改为 456123。

解：其操作步骤如下。

1）启动 SQL Server Management Studio。

2）在"对象资源管理器"中展开 SS 节点。

3）展开"安全性"→"登录名"→"TEST"节点，单击鼠标右键，在弹出的快捷菜单中选择"属性"命令，如图 13-7 所示。

图 13-7　选择登录名"属性"命令

4）出现"登录属性-TEST"对话框，如图 13-8 所示。在"密码"与"确认密码"文本框中输入 456123。

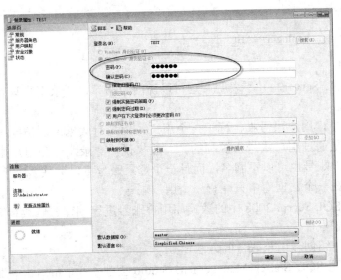

图 13-8 "登录属性-TEST"对话框

5）单击"确定"按钮，即可完成对 TEST 登录名的修改。

（3）删除登录账号

下面通过一个例子介绍删除登录账号的方法。

【例 13-4】 使用 SQL Server Management Studio 删除登录账号 XYZ/123。

解：其操作步骤如下。

1）启动 SQL Server Management Studio。

2）在"对象资源管理器"中展开 SS 节点。

3）展开"安全性"→"登录名"→"XYZ"节点，单击鼠标右键，在弹出的快捷菜单中选择"删除"命令，如图 13-9 所示。

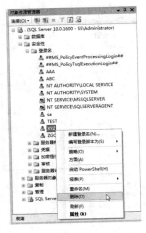

图 13-9 选择登录名"删除"命令

4）出现"删除对象"对话框，单击"确定"按钮，即可删除该登录账号。

【例13-5】 使用系统存储过程 sp_droplogin 删除登录账号 ABC/123。

解：程序如下。

```
EXECUTE    sp_droplogin    'ABC'
```

2. 数据库用户

能够登录到 SQL Server，并不表明一定可以访问数据库，登录用户只有成为数据库用户后才能访问数据库。

在一个数据库中，用户账号唯一标识一个用户，用户对数据库的访问权限以及对数据库对象的所有关系都是通过用户账号来控制的。一般来说，登录账号和用户账号相同，方便操作；登录账号和用户账号也可以不同名，而且一个登录账号可以关联多个用户账号。

每个登录账号在一个数据库中只能有一个用户账号。

管理员可以对 SQL Server 2008 中的数据库用户账号进行创建、修改和删除。

（1）创建用户账号

下面通过例子介绍创建用户账号的方法。

【例13-6】 使用 SQL Server Management Studio 创建 CompanySales 数据库的一个用户账号 U1。

解：其操作步骤如下。

1）启动 SQL Server Management Studio。

2）在"对象资源管理器"中展开 SS 节点。

3）展开"数据库"→"CompanySales"→"安全性"→"用户"节点，单击鼠标右键，在弹出的快捷菜单中选择"新建用户"命令，如图13-10所示。

图 13-10　选择"新建用户"命令

4）出现"数据库用户-新建"对话框。"常规"选项卡如图 13-11 所示，其中各项的功能说明如下。

- "用户名"文本框：用于输入用户名。
- "登录名"文本框：通过其后的"…"按钮为它选择一个已经创建的登录名。
- "默认架构"文本框：用于设置数据库的默认架构。
- "数据库角色成员身份"列表框：选择给用户设置什么样的数据库角色。

这里，在"用户名"文本框中输入要创建的用户名"U1"。

图 13-11　"数据库用户-新建"对话框

5）单击"登录名"文本框右侧的"…"按钮，出现如图 13-12 所示的"选择登录名"对话框。

6）单击"浏览"按钮，出现如图 13-13 所示的"查找对象"对话框，在"匹配的对象"列表框中选择"[TEST]"，两次单击"确定"按钮返回到"数据库用户-新建"对话框。"默认框架"文本框可以保持为空或者选择一个架构，通常选择 dbo。这样就为用户名 U1 选择了登录名 TEST，即，当以登录名 TEST 登录到 SQL Server 时，可以访问数据库 CompanySales。

图 13-12　"选择登录名"对话框

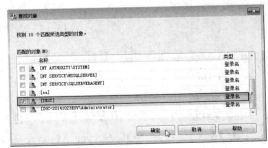

图 13-13　"查找对象"对话框

7）单击"确定"按钮，即可完成创建 CompanySales 数据库的用户名 U1。

【例 13-7】 使用系统存储过程 sp_grantdbaccess 创建 CompanySales 数据库的一个用户账号 U2，关联的登录名为 AAA。

解：程序如下。

```
USE    CompanySales
EXECUTE    sp_grantdbaccess    'AAA', 'U2'
```

（2）修改用户账号

下面通过一个例子介绍修改用户账号的方法。

【例 13-8】 使用 SQL Server Management Studio 修改 CompanySales 数据库的用户账号 U1。

解：其操作步骤如下。

1）启动 SQL Server Management Studio。

2）在"对象资源管理器"中展开 SS 节点。

3）展开"数据库"→"CompanySales"→"安全性"→"用户"→"U1"节点，单击鼠标右键，在弹出的快捷菜单中选择"属性"命令，如图 13-14 所示。

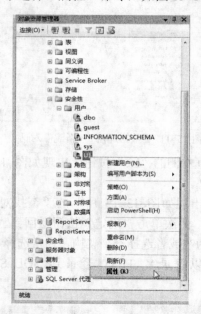

图 13-14　选择用户"属性"命令

4）出现"数据库用户-U1"对话框，在其中做相应的修改。

5）单击"确定"按钮，即可完成修改。

（3）删除用户账号

下面通过一个例子介绍删除用户账号的方法。

【例 13-9】 使用 SQL Server Management Studio 删除 CompanySales 数据库的用户账号 U2。

解：其操作步骤如下。

1）启动 SQL Server Management Studio。

2）在"对象资源管理器"中展开 SS 节点。

3）展开"数据库"→"CompanySales"→"安全性"→"用户"→"U2"节点，单击鼠标右键，在弹出的快捷菜单中选择"删除"命令。

4）在出现的"删除对象"对话框中，单击"确定"按钮，即可删除 CompanySales 数据库的用户账号 U2。

【例 13-10】 使用系统存储过程 sp_revokedbaccess 实现【例 13-9】的要求。

解：程序如下。

```
EXECUTE   sp_revokedbaccess    'U2'
```

13.2.2 角色管理

角色是一种权限机制。SQL Server 管理员可以将某些用户设置为某一角色，这样只对角色进行权限设置便可实现对多个用户权限的设置，便于管理。在 SQL Server 中主要有两种角色类型：服务器级角色和数据库级角色。

1. 服务器级角色

服务器级角色建立在 SQL 服务器上，是由系统预定义的，用户不能创建新的服务器角色，而只能选择合适的、已固定的服务器级角色。

SQL Server 2008 共有 9 种预定义的服务器角色，见表 13-1。

表 13-1　服务器角色

角 色 名 称	权　　限
sysadmin	系统管理员，可以在 SQL Server 中执行任何活动
serveradmin	服务器管理员，可以设置服务器范围的配置选项
securityadmin	安全管理员，可以管理登录
processadmin	进程管理员，可以管理在 SQL Server 中运行的进程
setupadmin	安装管理员，可以管理连接服务器和启动过程
bulkadmin	批量管理员，可以执行 BULK　INSERT 语句，执行大容量数据插入操作
diskadmin	磁盘管理员，可以管理磁盘文件
dbcreator	数据库创建者，可以创建、更改和删除数据库
public	每个 SQL Server 登录名都属于 public 服务器角色

【例 13-11】 将 sysadmin 角色的权限分配给一个登录账号 TEST（已创建）。

解：其操作步骤如下。

1）启动 SQL Server Management Studio。

2）在"对象资源管理器"中展开 SS 节点。

3）展开"安全性"→"服务器角色"→"sysadmin"节点，单击鼠标右键，在弹出的快捷菜单中选择"属性"命令，如图 13-15 所示。

图 13-15 选择服务器角色 sysadmin 的 "属性" 命令

4）出现 "服务器角色属性-sysadmin" 对话框，如图 13-16 所示。其中 "角色成员" 列表框中列出了所有拥有 sysadmin 角色权限的登录名。没有 TEST，说明 TEST 没有 sysadmin 权限。

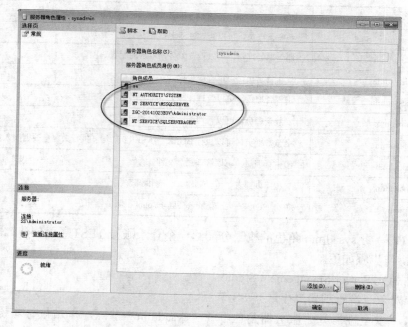

图 13-16 "服务器角色属性-sysadmin" 对话框

5）单击"添加"按钮，出现"选择登录名"对话框，如图 13-17 所示。

6）单击"浏览"按钮，出现"查找对象"对话框，如图 13-18 所示，选中 TEST 登录名。

图 13-17 "选择登录名"对话框

图 13-18 "查找对象"对话框

7）单击两次"确定"按钮返回，此时的"服务器角色属性-sysadmin"对话框如图 13-19 所示，从中可以看出 TEST 登录账号已经成为 sysadmin 角色成员。最后，单击"确定"按钮设置完毕。

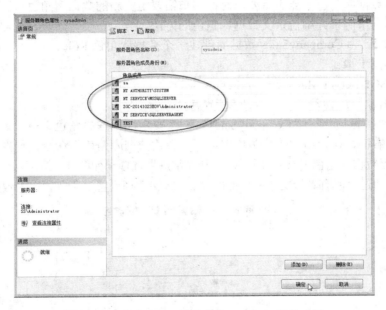

图 13-19 指定 TEST 登录名为 sysadmin 角色成员

2. 数据库级角色

为便于管理数据库中的权限，SQL Server 提供了若干角色，这些角色是指对数据库具有相同访问权限的用户和组的集合。数据库级角色的权限作用域为数据库范围。SQL Server 中有两种类型的数据库级角色：数据库中预定义的"固定数据库角色"和用户可以创建的"灵活数据库角色"。

（1）固定数据库角色

固定数据库角色是指这些角色所具有的权限已被 SQL Server 定义，并且 SQL Server 管理员不能对其所具有的权限进行任何修改。固定数据库角色与相应的权限见表 13-2。

表 13-2　固定数据库角色及其权限

角 色 名 称	数据库级权限
db_owner	可以执行数据库的所有配置和维护活动
db_securityadmin	可以修改角色成员身份和管理权限
db_accessadmin	可以为 Windows 登录账号、Windows 组合 SQL Server 登录账户设置权限
db_backupoperator	可以备份数据库
db_ddladmin	可以在数据库中运行任何数据定义语言命令
db_datawriter	可以在所有用户表中添加、删除或修改数据
db_datareader	可以读取所有用户表中的所有数据
db_denydatawriter	不能在数据库内的用户表中添加、修改或删除数据
db_denydatareader	不能读取所有用户表中的任何数据
public	每个数据库用户都属于 public 数据库角色。当尚未对某个用户授予特定权限或角色时，该用户将继承 public 角色的权限

（2）用户自定义的数据库角色

当固定的数据库角色不能满足要求时，用户需要定义新的数据库角色。

下面通过一个例子介绍自定义数据库角色的方法。

【例 13-12】　为 CompanySales 数据库创建一个数据库角色 Role。

解：其操作步骤如下。

1）启动 SQL Server Management Studio。

2）在"对象资源管理器"中展开 SS 节点。

3）展开"数据库"→"CompanySales"→"安全性"→"角色"→"数据库角色"节点，单击鼠标右键，在弹出的快捷菜单中选择"新建数据库角色"命令，如图 13-20 所示。

4）出现"数据库角色-新建"对话框，其"常规"选项卡如图 13-21 所示。输入"角色名称"为 Role，通过"所有者"文本框后面的"…"按钮选择设置"所有者"为数据库用户 U1。

图 13-20　选择"新建数据库角色"命令

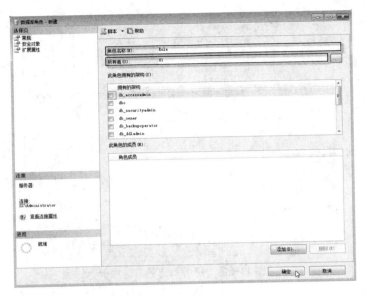

图 13-21 "数据库角色-新建"对话框

5）单击"确定"按钮，即可完成数据库角色 Role 的创建。

13.3 权限管理

权限用来控制登录账号对服务器的操作以及用户账号对数据库的访问与操作，用户可以通过 SQL Server Management Studio 进行权限管理。

13.3.1 登录账号权限管理

为登录账号授予权限有两种方式，一种是将某个服务器角色权限授予一个或多个登录账号；另一种方式是为一个登录账号授予一个或多个服务器角色权限。下面通过一个例子介绍第 2 种方式。

【例 13-13】 将有固定服务器角色 securityadmin 的权限分配给一个登录账号 TEST。

解：其操作步骤如下。

1）启动 SQL Server Management Studio。

2）在"对象资源管理器"中展开 SS 节点。

3）展开"安全性"→"登录名"→"TEST"节点，单击鼠标右键，在弹出的快捷菜单中选择"属性"命令。

4）出现"登录属性-TEST"对话框，选择"服务器角色"选项卡，在其中的"服务器"列表框中，列出了系统的固定服务器角色。在这些固定服务器角色的左端有相应的复选框，打勾的复选框表示该登录账号是相应的服务器角色成员。由于在例 13-11 中已给该登录名分配了 sysadmin 角色，所以 sysadmin 选项被选中。选中 securityadmin 服务器角色，如图 13-22 所示。

5）单击"确定"按钮，即可为 TEST 登录名分配 securityadmin 权限。

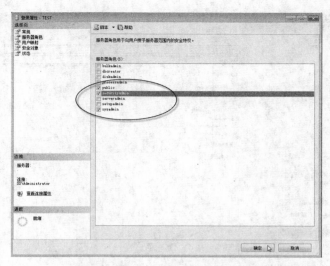

图 13-22 "服务器角色"选项卡

13.3.2 用户账号权限管理

下面通过一个例子介绍如何为用户账号授予权限。

【例 13-14】 使用 SQL Server Management Studio 为 CompanySales 数据库的用户账号 U1 授予一些权限。

解：其操作步骤如下。

1）启动 SQL Server Management Studio。

2）在"对象资源管理器"中展开 SS 节点。

3）展开"数据库"→"CompanySales"→"安全性"→"用户"→"U1"节点，单击鼠标右键，在弹出的快捷菜单中选择"属性"命令。

4）出现"数据库用户-U1"对话框，选择"安全对象"选项卡，如图 13-23 所示，单击"搜索"按钮。

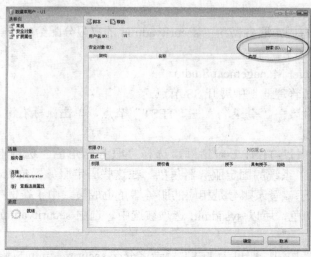

图 13-23 "安全对象"选项卡

5）出现如图 13-24 所示的"添加对象"对话框，选择"特定类型的所有对象"单选按钮，单击"确定"按钮。

6）出现如图 13-25 所示的"选择对象类型"对话框，选中"数据库"选项，单击"确定"按钮。

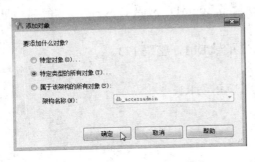 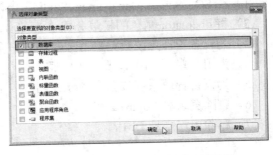

图 13-24 "添加对象"对话框   图 13-25 "选择对象类型"对话框

7）返回到如图 13-26 所示的"安全对象"选项卡，"CompanySales 的权限"列表框中列出所有的权限，通过选中为用户账号 U1 授权。

8）单击"确定"按钮，即可完成用户账号 U1 的授权操作。

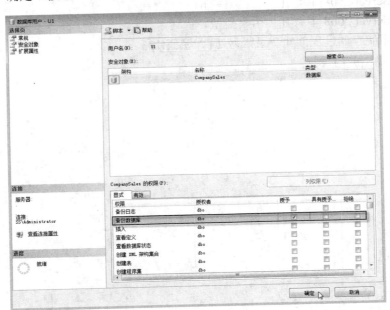

图 13-26 为 U1 授权

13.4 实训——设备管理系统数据库的安全与保护

1. 实训目的

1）掌握在 SQL Server Management Studio 中创建、删除登录名和数据库用户的方法。

2）掌握在 SQL Server Management Studio 中创建数据库角色的方法。

3）掌握为登录账号设置权限的两种方法。

4）掌握为用户账号设置权限的方法。

2. 实训内容

1）在 SQL Server Management Studio 中创建登录名 Login1，密码 123。

2）将 dbcreator 角色的权限分配给 Login1。

3）为设备管理系统数据库 Assets 创建一个用户账号 Db1，密码 123。

4）为用户账号 Db1 设置一些权限。

5）为设备管理系统数据库 Assets 创建一个数据库角色 R1。

6）删除登录名 Login1。

7）删除用户账号 Db1。

13.5 习题

1．什么是数据库的安全性？

2．SQL Server 2008 中有几种身份验证模式，有什么不同？

3．SQL Server 2008 中有几种角色类型？

4．SQL Server 2008 中有几种用户类型？

5．使用系统存储过程创建登录账号 TT，密码 123。

6．将登录账号 TT 删除。

第14章　数据库的备份与还原

　　尽管数据库系统中采取了各种保护措施来保证数据库的安全性和完整性不被破坏，但是计算机系统中硬件的故障、软件的错误、操作员的失误以及恶意的破坏等仍然是不可避免的。这些故障轻则造成运行事务非正常中断，影响数据库中数据的正确性，重则破坏数据库，造成数据损失甚至服务器崩溃的后果。

　　数据库的备份和还原对于保证系统的可靠性具有重要的作用。数据库管理系统必须具有把数据库从错误状态恢复到某一已知的正确状态的功能，用户采用合适的备份策略，能够做到以最短的时间和最小的代价把数据库恢复到最少数据损失的状态。

　　本章主要介绍故障的种类、数据库备份和还原的含义，以及如何对数据库进行备份和还原操作。

14.1　故障的种类

　　数据库系统中发生的故障是多种多样的，大致可以归纳为以下几类。

1．事务内部的故障

　　事务内部的故障有的是可以通过事务程序本身发现的，但是更多的则是非预期的，它们不能由事务处理程序处理，如运算溢出、并发事务发生死锁而被选中撤销该事务、违反了某些完整性限制等。

2．系统故障

　　系统故障是指造成系统停止运转的任何事件，从而使得系统必须重新启动。例如，特定类型的硬件故障（如 CPU 故障）、操作系统故障、DBMS 代码错误、数据库服务器出错以及其他自然原因，如停电等。这类故障影响正在运行的所有事务，但是并不破坏数据库。这时主存内容，尤其是数据库缓冲区中的内容都将丢失，所有事务都非正常中止。

3．介质故障

　　前面介绍的故障为软故障（Soft Crash），介质故障又称为硬故障（Hard Crash）。介质故障指外存故障，如硬盘损坏、磁头碰撞、瞬时磁场干扰等。这类故障会破坏数据库或部分数据库，并影响正在存取这部分数据的所有事务。介质故障虽然发生的可能性较小，但是它的破坏性却是最大的，有时会造成数据的无法恢复。

4．计算机病毒

　　计算机病毒是一种人为的故障或破坏，它是由一些恶意的人编制的计算机程序。这种程序与其他程序不同，它可以像微生物学所称的病毒一样进行繁殖和传播，并造成对计算机系统包括数据库系统的破坏。

5．用户操作错误

在某些情况下，由于用户有意或无意的操作也可能删除数据库中的有用的数据或加入错误的数据，同样会造成一些潜在的故障。

14.2 备份

数据库备份就是制作数据库中数据结构、对象和数据等的副本，将其存放在安全可靠的位置，这个副本能在遇到故障时恢复数据库。

14.2.1 备份类型

一个数据库，无论大小，都要进行数据库的备份工作。数据库备份类型有 4 种，分别是完整数据库备份、差异数据库备份、事务日志备份以及文件和文件组备份。下面分别介绍这几种备份类型。

1．完整数据库备份

完整数据库备份是最完整的数据库备份方式，它会将数据库内所有的对象完整地复制到指定的设备上。这是任何备份策略中都要求完成的第一种备份类型，其他所有的备份类型都依赖于完整备份。

由于它是备份完整内容，因此通常会需要花费较多的时间，同时也会占用较多的空间。完整数据库备份不需要频繁进行。对于数据量较少，或者变动较小不需经常备份的数据库而言，可以选择使用这种备份方式。

2．差异数据库备份

差异数据库备份是指对最近一次完全数据库备份以后发生改变的数据进行备份。最初的备份使用完全备份保存完整的数据库内容，之后则使用差异备份只记录有变动的部分。

由于差异数据库备份只备份有变动的部分，因此比起完全数据库备份来说，通常它的备份速度会比较快，占用的空间也会比较少。对于数据量大且需要经常备份的数据库，使用差异备份可以减少数据库备份的负担。

3．事务日志备份

每个 Microsoft SQL Server 数据库都有一个日志，用于记录所有事务以及每个事务对数据库所做的修改，事务日志是每个数据库的重要组件。

事务日志备份只备份最后一次日志备份后的所有的事务日志记录。虽然事务日志备份也依赖于完整备份，但是它并不备份数据库本身，而只备份自从上一个事务以来发生了变化的部分。

事务日志备份比完整数据库备份节省时间和空间，而且利用事务日志备份进行还原时，可以指定还原到某一个事务。但是，用事务日志备份恢复数据库要花费较长的时间。通常情况下，事务日志备份与完整数据库备份和差异备份要结合使用。

4．文件和文件组备份

这种备份模式是以文件和文件组作为备份的对象，可以针对数据库特定的文件或特定文件组内的所有成员进行数据备份处理。不过在使用这种备份模式时，应该要搭配事务日志备份一起使用。

14.2.2　备份设备的类型

在进行备份之前必须先创建备份设备。备份设备是指在备份或还原操作中使用的磁带机或磁盘驱动器，可以将备份数据写入 1～64 个备份设备。如果备份数据需要多个备份设备，则所有设备必须对应于一种设备类型（磁盘或磁带）。下面介绍一些常用的备份设备以及如何创建和管理这些设备。

1. 磁盘备份设备

磁盘备份设备是指包含一个或多个备份文件的磁盘或其他磁盘存储媒体。备份文件是常规操作系统文件。如果在备份操作将备份数据追加到媒体集时磁盘文件已满，则备份操作会失败。备份文件的最大大小由磁盘设备上的可用磁盘空间决定，因此，备份磁盘设备的适当大小取决于备份数据的大小。

磁盘备份设备可以是简单的磁盘设备，如 ATA 驱动器。或者，可以使用热交换磁盘驱动器，它允许将磁盘上的已满磁盘透明地替换为空磁盘。备份磁盘可以是服务器上的本地磁盘，也可以是作为共享网络资源的远程磁盘。SQL Server 管理工具在处理磁盘备份设备时非常灵活，因为它们会自动生成标有时间戳的磁盘文件名称。

建议用户备份磁盘应不同于数据库数据和日志的磁盘，这是数据或日志磁盘出现故障时访问备份数据必不可少的。

2. 磁带备份设备

磁带备份设备的用法类似于磁盘设备，但是磁带设备必须物理连接到运行 SQL Server 实例的计算机上，不支持备份到远程磁带设备上。如果磁带备份设备在备份操作过程中已满，但还必须写入一些数据，则 SQL Server 将提示更换新磁带并在加载新磁带后继续备份操作。

将 SQL Server 数据备份到磁带时要求 Microsoft Windows 操作系统支持一个或多个磁带机。对于给定的磁带机，建议仅使用磁带机制造商推荐的磁带。在使用磁带机时，备份操作可能会写满一个磁带，并继续在另一个磁带上进行。每个磁带包含一个媒体标头。使用的第一个媒体称为"起始磁带"。每个后续磁带称为"延续磁带"，其媒体序列号比前一磁带的媒体序列号增 1。在追加备份集时，必须在序列中装入最后一个磁带。如果没有装入最后一个磁带，数据库引擎将向前扫描到已装入磁带的末尾，然后要求更换磁带。此时，请装入最后一个磁带。

14.2.3　创建备份设备

Microsoft SQL Server 2008 中创建备份设备有两种方法：一是使用 SQL Server Management Studio 工具创建；二是通过使用系统存储过程创建。

1. 使用 SQL Server Management Studio 工具创建备份设备

下面以创建用来备份 CompanySales 数据库的备份设备 newdevice 为例，介绍使用 Management Studio 工具创建备份设备的步骤。

1）启动 SQL Server Management Studio，在"对象资源管理器"中选中服务器，单击打开服务器树型结构。

2）展开"服务器对象"节点，右击"备份设备"，如图 14-1 所示。

3）从弹出的菜单中选择"新建备份设备"选项，打开如图 14-2 所示的"备份设备"窗口。

图 14-1　使用 Management Studio 工具创建备份设备

4）在"备份设备"窗口中的"设备名称"文本框中输入"newdevice"，目标文件的默认地址已经列出，可以更改。

5）单击"确定"按钮即完成了创建备份设备的操作。

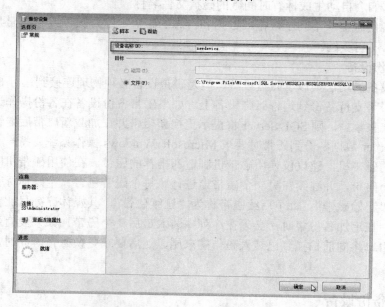

图 14-2　备份设备属性对话框

2. 使用系统存储过程创建备份设备

用户可以使用系统存储过程 sp_addumpdevice 来创建备份设备，其语法形式如下：

```
sp_addumpdevice   [ @devtype= ]   'device_type'
        ,  [ @logicalname=  ]   'logical_name'
        ,  [ @physicalname=  ]   'physical_name'
     [ ,  { [ @cnrltype=  ]   controller_type |
   [ @devstatus= ]   'device_status'   }
     ]
```

其中，

[@devtype=]：'device_type' 指备份设备的类型。device_type 的数据类型为 varchar(20)，无默认值，可以是 disk 或 type。disk 指磁盘文件作为备份设备，type 指 Microsoft Windows 支持的任何磁带设备。

[@logicalname=]：'logical_name'指在 BACKUP 和 RESTORE 语句中使用的备份设备的逻辑名称。logical_name 的数据类型为 sysname，无默认值，且不能为 NULL。

[@physicalname=]：'physical_name'指备份设备的物理名称。物理名称必须遵从操作系统文件名规则或网络设备的通用命名约定，并且必须包含完整路径。physical_name 的数据类型为 nvarchar(260)，无默认值，且不能为 NULL。

[@cnrltype=]：controller_type 已过时。如果指定该选项，则忽略此参数。支持它完全是为了向后兼容。新的 sp_addumpdevice 使用应省略此参数。

[@devstatus=]：'device_status' 已过时。如果指定该选项，则忽略此参数。支持它完全是为了向后兼容。新的 sp_addumpdevice 使用应省略此参数。

【例 14-1】 在磁盘上创建一个备份设备 test_device。

```
USE master
EXECUTE sp_addumpdevice  'disk', 'test_device', 'd:\backup\test_device.bak'
```

需要注意的是：在创建备份设备时，一定要确定保存备份文件的文件夹已经存在，如不存在则先创建文件夹，不能通过创建文件的方式创建文件夹。

14.2.4 删除备份设备

删除备份设备与创建备份设备类似，也有两种方式：一是使用 SQL Server Management Studio 工具删除，二是通过使用系统存储过程删除。

1. 使用 SQL Server Management Studio 工具删除备份设备

下面以删除"test_device"为例，介绍使用 SQL Server Management Studio 工具删除备份设备的方法。

1）启动 SQL Server Management Studio，在"对象资源管理器"中选中服务器，单击打开服务器树型结构。

2）展开"服务器对象"节点，单击展开"备份设备"。

3）右击"备份设备"下的 test_device，从弹出的快捷菜单中选择"删除"命令，然后在打开的"删除对象"窗口中单击"确定"按钮，即完成删除操作。

2. 使用系统存储过程删除备份设备

用户可以使用系统存储过程 sp_dropdevice 来删除备份设备。其语法格式如下：

sp_dropdevice　[@logicalname=]　'device'
[, [@delfile=]　'delfile']

其中，

[@delfile=] 'delfile'：表示指定物理备份设备文件是否应删除。delfile 的数据类型为 varchar(7)。如果指定为 DELFILE，则删除物理备份设备磁盘文件。

【例 14-2】 创建一个备份设备 testbackup，再使用系统存储过程 sp_dropdevice 删除 newdevice。

```
USE master
EXECUTE sp_addumpdevice  'disk', 'testbackup', 'd:\backup\testbackup.bak'
GO
EXECUTE sp_dropdevice 'testbackup'
```

14.2.5　备份数据库

创建好备份设备后，就可以对数据库进行备份了。备份数据库有两种方式：一种是使用 SQL Server Management Studio 工具备份数据库，另一种是使用 BACKUP 命令来备份数据库。

1. 使用 SQL Server Management Studio 工具备份数据库

使用 SQL Server Management Studio 工具备份数据库的步骤如下：

1）启动 SQL Server Management Studio，在"对象资源管理器"中打开"数据库"文件夹，右击要进行备份的数据库，在弹出的快捷菜单中选择"任务"选项，再选择"备份"命令，如图 14-3 所示。

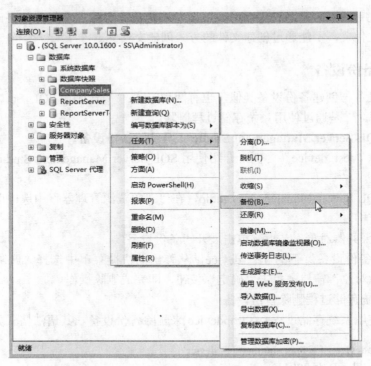

图 14-3　备份数据库选项

2）在出现的备份数据库对话框中，如图 14-4 所示，左侧有两个选择页，分别是"常规"和"选项"。

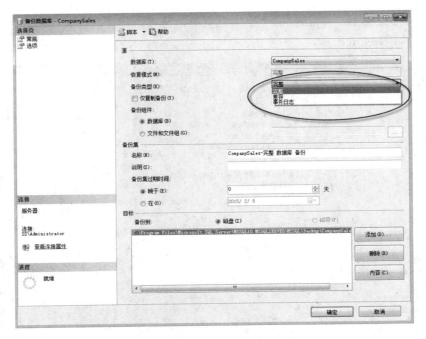

图 14-4　备份数据库"常规"选择页

3）在"常规"页中的"源"选项组中选择备份数据库的名称、恢复模式和备份类型。其中，"恢复模式"在建立数据库后可以根据数据库的重要程度修改，在数据库的属性对话框的"选项"页中，可以选择设置数据库的恢复模式为"简单""完整"和"大容量日志"3种模式中的一种。

4）在"常规"页中的"备份集"选项组中，"名称"对应的文本框中输入此次备份的名称，在"说明"文本框中输入必要的描述信息（可以省略），在"备份集过期时间"中选择不过期或指定过期天数和日期。

5）在"常规"页中的"目标"选项组中，默认为"磁盘"，内容框中已经列出默认的备份文件名，可以单击"添加"按钮打开如图 14-5 所示的"选择备份目标"对话框，选择"文件名"或"备份设备"，然后单击"确定"按钮即可。

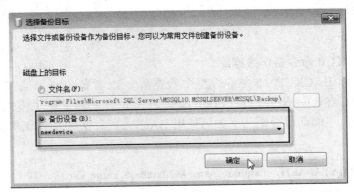

图 14-5　选择备份目标

6）在"备份数据库"对话框的"选项"页中，可以进行"覆盖媒体"和"可靠性"等方面的设置，如图 14-6 所示。

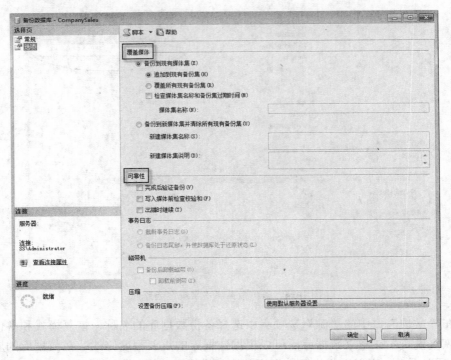

图 14-6　"选项"选择页

7）设置完成后，单击"备份数据库"窗口中的"确定"按钮，系统开始备份数据库，备份完成后，出现如图 14-7 所示的对话框，表明备份数据库成功。

图 14-7　备份完成对话框

2. 使用 BACKUP 命令备份数据库

用户可以使用 BACKUP 命令备份整个数据库，或者备份一个或多个文件或文件组（BACKUP DATABASE）。另外，可以在完整恢复模式或大容量日志模式下备份事务日志（BACKUP LOG）。下面简单介绍一下如何使用 BACKUP 命令对数据库进行完整备份。其语法如下：

```
BACKUP DATABASE    {database_name | @database_name_var }
    TO < backup_device >    [ ,...n ]
    [ < MIRROR TO clause > ] [ next-mirror-to ]
    [ WITH { DIFFERENTIAL | < general_WITH_options >    [ ,...n ] } ]
```

其中，

{database_name | @database_name_var }：指定备份事务日志、部分数据库或完整的数据库时所用的源数据库。如果作为变量@database_name_var 提供，则可以将该名称指定为字符串常量（@database_name_var=database_name）或指定为字符串数据类型（ntext 或 text 数据类型除外）的变量。

< backup_device >：指定用于备份操作的逻辑备份设备或物理备份设备。

< MIRROR TO clause >：：=MIRROR TO < backup_device> [,... n]：指定将要镜像 TO 子句中指定备份设备的一个或多个备份设备。最多可以使用 3 个 MIRROR TO 子句。

WITH：指定要用于备份操作的选项。

DIFFERENTIAL：只能与 BACKUP DATABASE 一起使用，指定数据库备份或文件备份应该只包含上次完整备份后修改的数据库或文件部分。

< general_WITH_options >：指定一些诸如是否仅复制备份、是否对此备份执行备份压缩、指定说明备份集的自由格式文本等操作选项。

例如：

```
USE master
EXECUTE sp_addumpdevice 'disk','test1','d:\backup\test1.bak'
BACKUP DATABASE CompanySales TO test1
```

以上命令首先创建备份设备 test1，然后将 CompanySales 数据库完整备份到备份设备 test1 上。

14.3 还原

数据库的还原是当数据库出现故障时，将备份的数据库加载到系统，使数据库恢复到备份时的状态。

14.3.1 还原概述

SQL Server 支持在以下级别还原数据：

1. 数据库（数据库完整还原）

还原和恢复整个数据库，并且数据库在还原和恢复操作期间处于脱机状态。

2. 数据文件（文件还原）

还原和恢复一个数据文件或一组文件。在文件还原过程中，包含相应文件的文件组在还原过程中自动变为脱机状态。注意，不能备份和还原单个表。

3. 数据页（页面还原）

在完整恢复模式或大容量日志恢复模式下，可以还原单个数据库。可以对任何数据库执行页面还原，而不管文件组数为多少。

还原是与备份相对应的系统维护和管理操作，当还原和恢复数据库时，SQL Server 会自动将备份文件中的数据全部复制到数据库，并回滚任何未完成的事务，以保证数据库中数据的完整性。

14.3.2 还原数据库

还原数据库有两种方式：一是使用 SQL Server Management Studio 工具还原数据库，另一种是使用 RESTORE 语句还原数据库。

1. 使用 SQL Server Management Studio 工具还原数据库

使用 SQL Server Management Studio 工具还原数据库的操作步骤如下：

1）启动 SQL Server Management Studio，在"对象资源管理器"中打开"数据库"文件夹，右击要进行备份的数据库，在弹出的快捷菜单中选择"任务"→"还原"→"数据库"命令。

2）在打开的如图 14-8 所示的"还原数据库"窗口中，在"常规"选择页选择所要还原的目标数据库名称，设置还原目标的时间点，可以是"最近状态"或"具体日期和时间"。选择还原的源是源数据库或指定源设备。当选择了"源数据库"方式时，在"选择用于还原的备份集"列表栏下列出了该数据库所进行的备份，并显示每个备份的类型、位置、开始日期、大小等内容。默认情况下系统自动为用户选择最新的全库备份、最后一次差异备份以及最后一次差异备份后的所有日志备份。

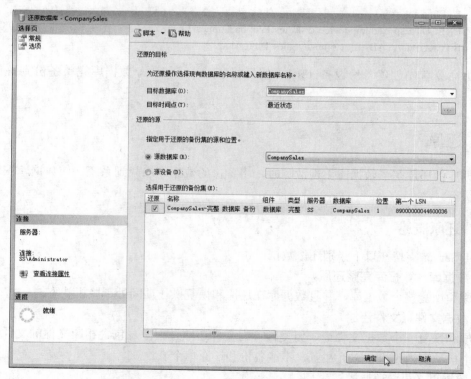

图 14-8　还原数据库"常规"选择页

3）在"还原数据库"的"选项"选项页中可以设置还原选项，如图 14-9 所示。在"还原选项"中有 4 个复选项，一般选择第一个"覆盖现有数据库"即可。在"将数据库文件还原为"选项列表中可以修改将要还原成的文件名。在"恢复状态"选项中可以选择 3 种状态之一。

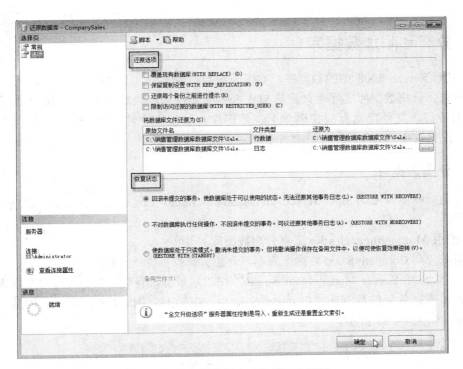

图 14-9　还原数据库"选项"选择页

4）所有设置完成后，在"还原数据库"窗口底端单击"确定"按钮，系统开始执行还原数据库的操作，当出现如图 14-10 所示的提示对话框时，单击"确定"按钮完成还原数据库操作。

图 14-10　还原完成对话框

2．使用 RESTORE DATABASE 还原数据库

使用 RESTORE 命令也可以还原和恢复已经备份的数据库，其命令的简单格式如下：

RESTORE DATABASE { database_name | @database_name_var }
　　[FROM < backup_device > [,…n]]

其中，

{ database_name | @database_name_var }：指定备份事务日志、部分数据库或完整的数据库时所用的源数据库。

< backup_device >：指定用于备份操作的逻辑备份设备或物理备份设备。

例如：

RESTORE DATABASE CompanySales FROM newdevice

14.4　分离和附加数据库

在 SQL Server 2008 中的数据库，除了系统数据库之外，其余的数据库都可以从服务器中分离出来。分离数据库实际上只是从 SQL Server 系统中删除数据库，组成该数据库的数据文件和事务日志文件仍然存放在磁盘上。使用这些数据库文件可以将数据库再附加到任何SQL Server 系统中。

14.4.1　分离数据库

分离数据库可以使用 SQL Server Management Studio 工具实现，也可以使用系统存储过程来实现。

1．使用 Management Studio 工具分离数据库

下面以分离 CompanySales 数据库为例，介绍分离数据库的步骤：

1）启动 SQL Server Management Studio，在"对象资源管理器"中打开"数据库"文件夹，右击要进行备份的数据库"CompanySales"，在弹出的快捷菜单中选择"任务"→"分离"命令，如图 14-11 所示。

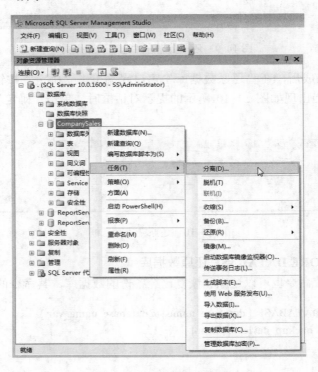

图 14-11　分离数据库选项

2）在打开的如图 14-12 所示的"分离数据库"窗口，显示要分离数据库的名称，设置是否删除与数据库的连接，是否更新统计信息、状态信息、消息等。注意：如果有用户正在连接数据库或者正在执行数据库操作时不能分离数据库，且在状态信息中显示"未就绪"，消息项中显示有连接，必须先清除连接后才能分离数据库。

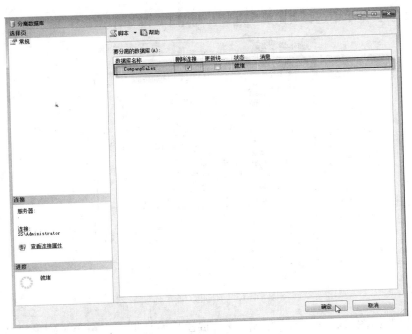

图 14-12 "分离数据库"窗口

3）单击"确定"按钮完成数据库的分离。已分离的数据库将不再出现在 SQL Server 系统中。

2. 使用系统存储过程分离数据库

从服务器中分离当前未使用的数据库使用系统存储过程 sp_detach_db，语法格式如下：

> sp_detach_db [@dbname=] 'database_name'
>   [, [@skipchecks=] 'skipchecks']
>   [, [@keepfulltextindexfile=] 'KeepFulltextIndexFile']

其中，

[@dbname=] 'database_name'：要分离的数据库的名称。database_name 为 sysname 值，默认值为 NULL。

[@skipchecks=] 'skipchecks'：指定跳过还是运行 UPDATE STATISTIC。若要跳过 UPDATE STATISTICS，则指定 true，表示不更新数据库统计信息。否则，指定 false。

[@keepfulltextindexfile=] 'KeepFulltextIndexFile'：指定在数据库分离操作过程中不会删除与所分离的数据库关联的全文索引文件。

例如，分离 CompanySales 数据库使用如下语句：

> EXECUTE sp_detach_db 'CompanySales','true'

14.4.2 附加数据库

使用数据库文件附加数据库 CompanySales 的过程如下：

1）启动 SQL Server Management Studio，在"对象资源管理器"中右击"数据库"文件夹，在弹出的快捷菜单中选择"附加"选项，如图 14-13 所示。

图 14-13　附加数据库选项

2）在弹出的如图 14-14 所示的"附加数据库"对话框中，单击"添加"按钮，弹出如图 14-15 所示的"定位数据库文件"对话框，在磁盘上寻找要附加的数据库的主数据文件（.mdf 文件）的位置和名称，选择后单击"确定"按钮。

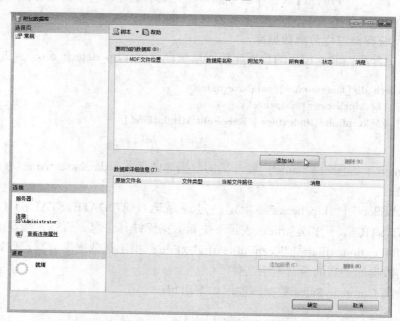

图 14-14　"附加数据库"对话框

3）返回到"附加数据库"窗口，如图 14-16 所示。在"要附加的数据库"表栏中显示 MDF 文件的位置，数据库的名称和附加后的名称等内容，附加后的名称可以修改，在"数据库详细信息"表栏中显示数据库原始文件名、文件类型、当前文件路径等内容。

图 14-15　"定位数据库文件"对话框

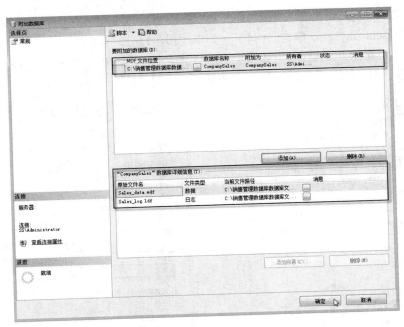

图 14-16　选中主数据文件后的"附加数据库"对话框

4）所有内容确定后，单击"确定"按钮开始附加数据库。操作成功后在 Management Studio 工具中可以查看到所附加的数据库。

14.4.3 附加数据库常见错误

在如图 14-16 所示的"附加数据库"对话框中，如果单击"确定"按钮后，出现如图 14-17 所示的错误，按提示单击"消息"列中的超链接，会显示具体的错误信息，如图 14-18 所示的错误代码是 5120。用户按错误代码能够找到出错原因。

图 14-17　附加数据库出错

图 14-18　错误信息

对于 5120 错误，错误原因是待附加数据库文件的访问权限受限，一种解决方法是设置 MDF 文件所在文件夹，或者.mdf、.ldf 文件的访问权限。具体做法如下：

1）在"Windows 资源管理器"或"我的电脑"中，浏览到该文件夹或文件，用鼠标右键单击需要附加的主数据库文件（.mdf），显示属性对话框，选择安全标签页，找到 Authenticated Users 用户名，单击"编辑"按钮，如图 14-19 所示。

2）在"Authenticated Users"权限中选择"完全控制"，单击"确定"按钮，如图 14-20 所示。然后再单击属性对话框的"确定"按钮。

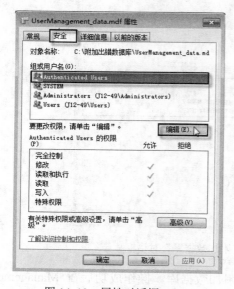

图 14-19　属性对话框

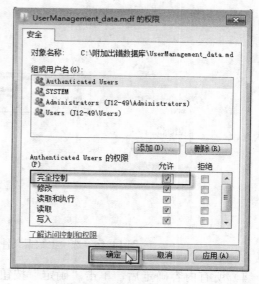

图 14-20　权限设置

3）按照同样的方法，打开日志文件（.ldf）文件的属性对话框，进行设置。如图 14-21 所示。

名称	修改日期	类型	大小
UserManagement_data.mdf	2014/10/8 15:05	SQL Server Data...	2,304 KB
UserManagement_log.ldf	2014/10/8 15:05	SQL Server Data...	1,024 KB

图 14-21 日志文件

完成以上步骤，再附加数据库即可成功。

14.5 数据的导入与导出

数据的导入和导出是指 SQL Server 数据库系统与外部系统之间进行数据交换的操作。导入数据是从外部数据源中的数据引入到 SQL Server 的数据库中；导出数据是指将 SQL Server 数据库中的数据转换成其他数据格式引入到其他系统中。

14.5.1 数据的导出

导出数据时需要指定将要导出的数据源的类型、位置和名称，以及要导出到的外部数据源的类型、位置和名称信息。下面通过将 SQL Server 数据库中的 CompanySales 数据库导出到 Excel 表中，介绍数据导出的操作步骤。

1）启动 SQL Server Management Studio，在"对象资源管理器"中单击"数据库"文件夹，右击要导出的数据库"CompanySales"，在弹出的快捷菜单中选择"任务"→"导出数据"命令，如图 14-22 所示。

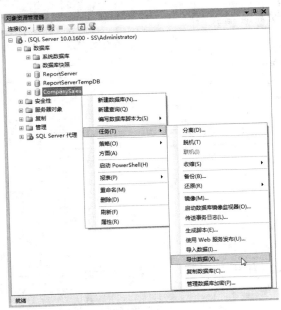

图 14-22 导出数据菜单

2）在打开的如图 14-23 所示的"SQL Server 导入和导出向导"欢迎界面中，单击"下一步"按钮。

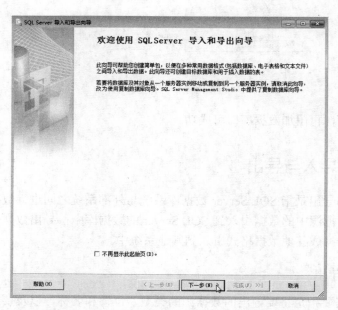

图 14-23 "SQL Server 导入和导出向导"欢迎界面

3）打开如图 14-24 所示的"选择数据源"的对话框。在这里需要确定导出数据的数据源，这里选择"SQL Server Native Client 10.0"，选择服务器名称、身份验证方式和数据库名称等内容。确定这些选择后，单击"下一步"按钮。

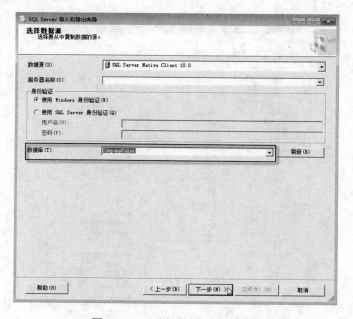

图 14-24 "选择数据源"对话框

4）打开如图 14-25 所示的"选择目标"对话框，确定要转换到的目标数据源相应设置。这里选择目标"Microsoft Excel"，并给出目标文件所在的位置和名称，单击"下一步"按钮。

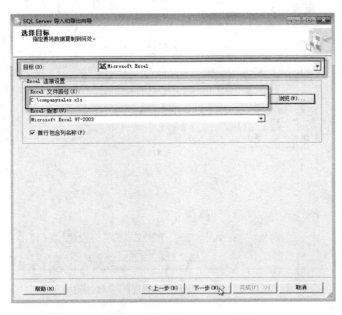

图 14-25 "选择目标"对话框

5）打开如图 14-26 所示的"指定表复制或查询"对话框，选择复制或查询方式，这里使用默认选项，然后单击"下一步"按钮。

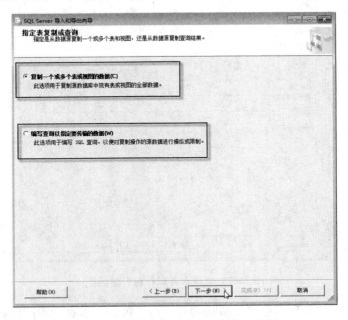

图 14-26 "指定表复制或查询"对话框

6）打开如图 14-27 所示的"选择源表和源视图"对话框，在列表中选择一个或多个要导出的表和视图，然后单击"下一步"按钮。

图 14-27 "选择源表和源视图"对话框

7）打开如图 14-28 所示的"保存并运行包"对话框，指定立即运行或保存 SSIS 包选项，单击"下一步"按钮。

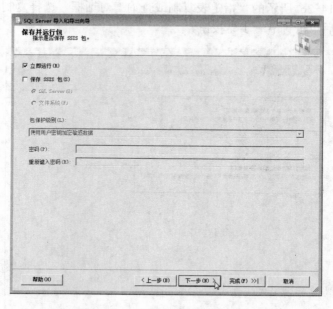

图 14-28 "保存并运行包"对话框

8）打开如图 14-29 所示的"完成该向导"对话框，可以看到本次数据导出操作的一些信息，单击"完成"按钮，开始执行数据导出操作。

图 14-29 "完成该向导"对话框

9）打开如图 14-30 所示的"执行成功"对话框，单击"关闭"按钮，导出数据成功完成。此时打开导出的 Excel 文件，其中的内容与选择导出的表和视图中内容一致，说明数据导出操作成功。

图 14-30 "执行成功"对话框

14.5.2 数据的导入

数据的导入与导出是一对相反的操作。下面以导出的"companysales.xls"为例，介绍将其导入到数据库中的方法。

1）启动 SQL Server Management Studio 工具，在"对象资源管理器"的"数据库"文件夹下，创建一个新的数据库"员工销售"，作为导入的目标数据库。

2）右击"员工销售"数据库，在弹出的快捷菜单中选择"任务"→"导入数据"命令，如图 14-31 所示。

3）在打开的与数据导出步骤中相同的如图 14-23 所示的"SQL Server 导入和导出向导"欢迎界面中，单击"下一步"按钮。

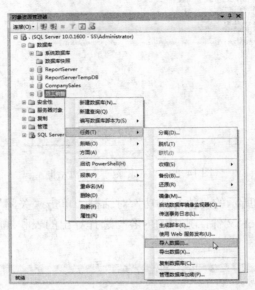

图 14-31 导入数据菜单

4）打开如图 14-32 所示的"选择数据源"的对话框。这里选择目标"Microsoft Excel"，并给出目标文件所在的位置和名称，单击"下一步"按钮。

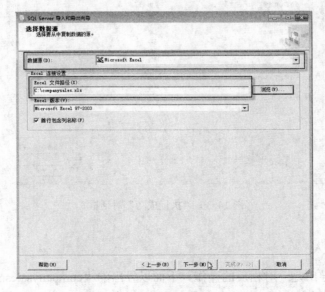

图 14-32 "选择数据源"对话框

228

5）打开如图 14-33 所示的"选择目标"对话框，这里选择 "SQL Server Native Client 10.0"，选择服务器名称、身份验证方式和数据库名称（员工销售）等内容。确定这些选择后，单击"下一步"按钮。

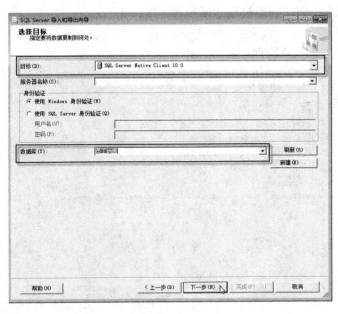

图 14-33 "选择目标"对话框

6）在打开的与数据导出步骤中相同的如图 14-26 所示的"指定表复制或查询"对话框中，选择复制或查询方式，这里使用默认选项，然后单击"下一步"按钮。

7）打开如图 14-34 所示的对话框，在列表中选择一个或多个要导入的表和视图，然后单击"下一步"按钮。

图 14-34 "选择源表和源视图"对话框

8）在打开的与数据导出步骤中相同的如图 14-28 所示的"保存并运行包"对话框中，指定立即运行或保存 SSIS 包选项，单击"下一步"按钮。

9）打开如图 14-35 所示的"完成该向导"对话框，可以看到本次数据导入操作的一些信息，单击"完成"按钮，开始执行数据导入操作。

图 14-35 "完成该向导"对话框

10）打开如图 14-36 所示的"执行成功"对话框，单击"关闭"按钮，导入数据成功完成。此时打开数据库 abc，其中的内容与选择导入的表和视图中内容一致，说明数据导入操作成功。

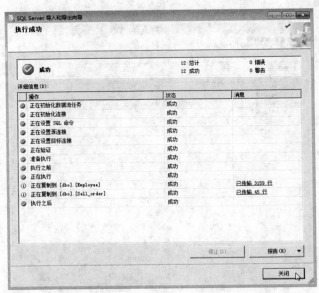

图 14-36 "执行成功"对话框

14.6 实训——备份设备管理系统数据库

1. 实训目的

1）掌握数据库备份和恢复的方法、步骤。

2）掌握数据库与 SQL Server 系统的分离和附加的方法。

3）掌握数据导入和导出的方法。

2. 实训内容

1）使用 SQL Server Management Studio 工具完成以下操作：

完全设备管理系统数据库，对数据库做修改后，再对其做备份，最后还原到数据库的初始状态。

2）分别使用 SQL Server Management Studio 工具和 T-SQL 语句完成以下操作：

首先将 HOTEL 数据库分离，并将对应的数据库文件复制到另一台机器上。然后将从另一台机器复制的 HOTEL 数据库文件附加到当前 SQL Server 实例，附加后的数据库名字是"设备管理系统数据库"。

3）将上一题目中的"设备管理系统数据库"转换成 Access 数据库 assets.mdb。

4）选择一个 Excel 文件导入到 SQL Server 数据库中。

14.7 习题

1．只记录自上次数据库备份后发生更改的数据的备份称为_____备份。

2．_____是最常用的备份介质，可以用于备份本地文件，也可以用于备份网络文件。

3．SQL Server 使用各数据库的_____来恢复事务。

4．下面哪个不是备份数据库的理由？（　　）。

    A．数据库崩溃时恢复　　　　　　　　B．将数据从一个服务器转移到另外一个服务器

    C．记录数据的历史档案　　　　　　　　D．转换数据

5．防止数据库出现意外的有效方法是（　　）。

    A．重建　　　　　　B．追加　　　　　　C．备份　　　　　　D．删除

6．在 SQL Server 的配置及其他数据被改变以后，都应该备份的数据库是（　　）。

    A．Master　　　　　B．Model　　　　　C．Msdb　　　　　　D．Tempdb

7．能将数据库恢复到某个时间点的备份类型是（　　）。

    A．完整数据库备份　　　　　　　　　　B．差异备份

    C．事务日志备份　　　　　　　　　　　D．文件组备份

8．分离数据库与删除数据库的区别是什么？

9．简述 SQL Server 中数据恢复模型。

10．分离和附加数据库的操作在实际中有哪些应用？

11．数据库系统的故障可以分为哪几类？

12．数据导入与导出操作的作用分别是什么？

第 15 章 综合应用案例

本章以图书管理系统数据库应用为例，首先对图书管理系统数据库进行分析，之后介绍创建数据库（表）的过程以及数据库对象的使用。

15.1 分析设计图书管理系统数据库

实际的图书管理系统内部运行过程十分复杂，这里只选取和图书馆使用者密切相关且熟悉的借阅过程。但通过该示例的学习并灵活运用相关的知识，读者就可以开发出功能强大的数据库系统。

15.1.1 需求分析

通过对现行图书馆业务的调查，明确了图书馆工作由图书管理、读者管理、借书服务和还书服务 4 个部分组成。用户对现有系统功能的描述如下。

1. 图书管理

1）对馆内所有图书按类别统一编码；对各类图书建立图书登记卡，登记图书的主要信息。

2）新购的图书要编码和建卡，对遗失的图书要注销其图书登记卡。

2. 读者管理

1）建立读者信息表，对读者统一编号。

2）对新加入的读者，将其信息录入到读者信息表中；对某些特定的读者，将其信息从读者信息表中删除。

3）当读者情况变化时，修改读者信息表中相应的记录。

3. 借书服务

1）可借出的图书要按类别上架，供读者查看。

2）建立借书登记卡，卡上记录着书号、读者姓名和编号、借书日期；将借书登记卡按读者单位、读者编号集中保管。

3）读者提出借书请求时，先查看该读者的借书卡，统计读者已借书的数量。如果该读者无借书超期和超量情况，则办理借书手续。

4）办理借书手续的方法是：填写借书登记卡，管理员核实后读者可将图书带走。

4. 还书服务

1）读者提出还书要求时，先对照相应的借书卡，确认书号和书名无误后可办理还书手续。

2）办理还书手续的方法是：在借书卡上填写还书时间，管理员签名；将已还的借书卡集中保管；收回图书。

3）将收回的图书上架，供读者查看和借阅。

根据对上述功能的分析得到如下的功能模块划分，如图 15-1 所示。

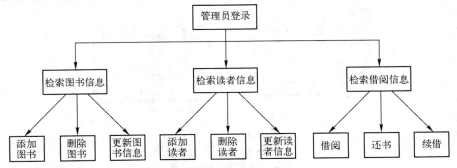

图 15-1　图书馆管理系统的功能模块示意图

15.1.2　数据库结构设计

数据库设计的步骤是：根据需求分析建立概念模型；将数据库的概念模型转换为数据模型；进行规范化处理。

1．数据库的概念模型

根据系统需求分析，可以得出图书馆管理系统的概念模型。图 15-2 所示是使用 E-R 图表示的图书馆管理系统的概念模型。图 15-3 所示是使用数据库关系实体模型设计工具 Erwin 绘制的 E-R 图。

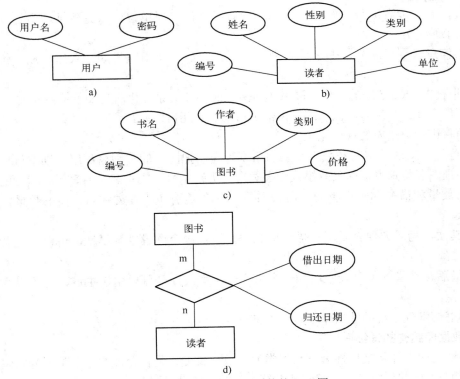

图 15-2　图书馆管理系统的 E-R 图

a) 用户实体图　b) 读者实体图　c) 图书实体图　d) 各实体间联系图

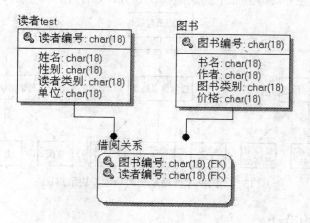

图 15-3　Erwin 绘制的 E-R 图

2. 数据库逻辑模型

根据由 E-R 图转换为关系模型的基本方法，将图书馆管理系统的 E-R 图转换为关系模式，带有下画线的为关系的码。

1）首先将用户、读者和图书实体集分别转化成为一个关系模式，这样，数据库中应该有 3 个基本关系：

用户（<u>用户名</u>，密码）；

读者信息（<u>读者编号</u>，姓名，性别，读者类别，工作单位，家庭住址，电话，登记日期，已借书数量）；

图书信息（<u>图书编号</u>，书名，类别，作者，出版社，出版日期，入库日期、价格，状态）。

2）根据图 15-2 d 图的实体间联系，将两者的 m:n 关系转化成为如下关系模式：

借阅信息（<u>读者编号</u>，<u>图书编号</u>，借出日期，归还日期）。

下面将进行数据库的规范化。

1）首先，从节省空间和减少冗余的角度考虑，把图书的类别名称用类别编号标注，需要增加一张图书类别表，用关系模式图书类别（类别编号，类别名称）表示。读者的类别不同，借书数量和借书期限也不同，用关系模式读者类别（读者类别名，借书数量，借书期限）表示。

2）其次，为了方便查看，在借阅信息中，添加一个读者姓名属性，可以方便看到读者的名字。

3）最后，在借阅信息表中增加一个"序号"字段，既可以用作主键，也可以为日常使用提供方便。

将图书馆管理系统的数据库名定为"Library"。

3. 数据库结构的详细设计

关系属性的设计包括属性名、数据类型、数据长度、是否允许空值、是否为主码及约束条件。表 15-1 详细列出了图书馆管理系统各表的属性设计情况。

表 15-1　图书馆管理系统数据库各表的属性设计情况

表　名	属　性　名	数 据 类 型	字 段 长 度	是否允许空	约 束 条 件
用户表	用户名（Admins）	varchar	10	否	主键
	密码（Psw）	varchar	8	否	
读者类别	读者类别名（CateName）	varchar	10	否	主键
	借书数量（BorrNum）	int		否	
	借书期限（BorrTime）	smallint		否	
图书类别	类别编号（BkCateId）	varchar	6	否	主键
	图书类别名（BookCate）	nvarchar	20	否	唯一约束
读者信息	读者编号（UserId）	char	6	否	主键
	姓名（UserName）	varchar	8	否	
	性别（UserSex）	bit		否	
	读者类别名（CateName）	varchar	10	否	外键
	工作单位（UserDep）	nvarchar	20		
	家庭住址（UserAdd）	nvarchar	30		
	电话（UserTel）	char	11		
	登记日期（UserReg）	date		否	默认值
	已借书数量（UserBkNum）	smallint		否	检查约束
书籍信息	图书编号（BookId）	char	10	否	主键
	书名（BookName）	varchar	20	否	
	图书类别（BkCateId）	varchar	6	否	外键
	作者（Author）	varchar	20	否	
	出版社（Publish）	varchar	15	否	
	出版日期（PubTime）	date			
	入库日期（CheckIn）	date		否	默认值
	价格（Price）	money			
	状态（BookStatus）	bit		否	true 为借出
借阅信息	序号（Id）	int		否	自动编号，主键
	读者编号（UserId）	char	6	否	外键
	读者姓名（UserName）	varchar	8		
	图书编号（BookId）	char	10	否	外键
	借出日期（LendDate）	date		否	默认值
	归还日期（RtnDate）	date			

15.2　创建图书管理系统数据库

对图书管理系统数据库进行设计后，接下来就是创建数据库。在 SQL Server 2008 中创建数据库有两种方式：一种是以图形界面的方式来创建，另一种是以 T-SQL 语句的方式来创建。图形界面直观方便，T-SQL 灵活快速。无论采用哪种方式创建的数据库结构都是一样的。多数情况下，DBA 采用 T-SQL 语句的方式来操作数据库，这种方式相对来说比较灵活快捷，但对数据库的理解要比较专业。

在查询编辑界面输入代码：

```
CREATE DATABASE Library                          --创建数据库 Library
ON                                               --数据文件
(
  NAME=dbLibrary_m,                              --主数据文件的逻辑名称
  FILENAME='D:\Library\dbLibrary_m.mdf',         --主数据文件的物理位置
  SIZE=10,                                        --主数据文件的初始容量为 10MB
  MAXSIZE=50,                                     --主数据文件的最大容量为 50MB
  FILEGROWTH=10%                                  --主数据文件的增长幅度为 10%
),
(
  NAME=dbLibrary_n,                              --辅助数据文件的逻辑名称
  FILENAME='D:\Library\dbLibrary_n.ndf',         --辅助数据文件的物理位置
  SIZE=5,                                         --辅助数据文件的初始容量为 5MB
  MAXSIZE=30,                                     --辅助数据文件的最大容量为 30MB
  FILEGROWTH=10%                                  --辅助数据文件的增长幅度为 10%
)
LOG ON                                           --日志文件
(
  NAME=dbLibrary_log,                            --日志文件的逻辑名称
  FILENAME='D:\Library\dbLibrary_log.ldf',       --日志文件的物理位置
  SIZE=10,                                        --日志文件的初始容量为 10MB
  MAXSIZE=50,                                     --日志文件的最大容量为 50MB
  FILEGROWTH=20%                                  --日志文件的增长幅度为 20%
)
GO
```

单击工具栏上的 ! 执行(X) 按钮或者直接按〈F5〉快捷键即可执行。

命令执行完毕后，在 Microsoft SQL Server Management Studio 的对象资源管理器上就可以看到一个新的数据库，名称为"Library"，如图 15-4 所示。至此，数据库创建完毕。

图 15-4　创建数据库 Library

15.3　创建数据表

创建完数据库 Library，就可以创建数据表。创建数据表同样可以是以图形界面的方式或者以 CREATE TABLE 语句的方式。本节以 CREATE TABLE 语句的方式创建数据表。

在创建数据表之前使用 USE Library 命令打开 Library 数据库，然后在查询编辑界面输入创建数据表语句后执行即可完成。

1. 用户表

用户表（AdminTb）包括 Admins（用户名）和 Psw（密码）两个字段。

```
CREATE TABLE AdminTb
(
    Admins varchar(10) not null primary key,
    Psw varchar(8) not null
)
```

2. 读者类别表

读者类别表（UserCate）包括 CateName（读者类别名）、BorrNum（借书数量）、BorrTime（借书期限）字段。

```
CREATE TABLE UserCate
(
    CateName varchar(10) not null primary key,
    BorrNum int not null,
    BorrTime smallint not null
)
```

3. 图书类别表

图书类别表（BookCategory）包括 BkCateId（类别编号）和 BookCate（图书类别

号）字段。

```
CREATE TABLE BookCategory
(
  BkCateId varchar(6) not null primary key,
  BookCate nvarchar(20) not null,
  Constraint uq_BookCategory Unique(BookCate)
)
```

4. 读者信息表

读者信息表（UserTb）包括 UserId（读者编号）、UserName（姓名）、UserSex（性别）、CateName（读者类别名）、UserDep（工作单位）、UserAdd（家庭住址）、UserTel（电话）、UserReg（登记日期）、UserBkNum（已借书数量）字段。

```
CREATE TABLE UserTb
(
  UserId char(6) not null primary key,
  UserName varchar(8) not null,
  UserSex bit not null,
  CateName varchar(10) not null,
  UserDep nvarchar(20) null,
  UserAdd nvarchar(30) null,
  UserTel char(11) null,
  UserReg date not null Default getdate(),
  UserBkNum smallint not null,
  Constraint fk_UserTb Foreign key(CateName)
    References UserCate(CateName),
  Constraint ck_UserTb Check(UserBkNum>=0)
)
```

5. 书籍信息表

书籍信息表（Book）包括 BookId（图书编号）、BookName（书名）、BkCateId（图书类别）、Author（作者）、Publish（出版社）、PubTime（出版日期）、CheckIn（入库日期）、Price（价格）、BookStatus（状态）字段。

```
CREATE TABLE Book
(
  BookId char(10) not null primary key,
  BookName varchar(20) not null,
  BkCateId varchar(6) not null,
  Author varchar(20) not null,
  Publish varchar(15) not null,
  PubTime smalldatetime null,
  CheckIn datetime not null Default getdate(),
  Price money null,
  BookStatus bit not null,
  Constraint fk_Book Foreign key(BkCateId)
```

        References BookCategory(BkCateId)
)

6. 借阅信息表

借阅信息表（Lending）包括 Id（序号）、UserId（读者编号）、UserName（读者姓名）、BookId（图书编号）、LendDate（借出日期）、RtnDate（归还日期）字段。

```
CREATE TABLE Lending
(
Id int identity(1,1) primary key,
UserId char(6) not null,
UserName varchar(8) null,
BookId char(10) not null,
LendDate date not null Default getdate(),
RtnDate date null,
Constraint fk_Lending_U Foreign key(UserId)
  References UserTb(UserId),
Constraint fk_Lending_B Foreign key(BookId)
  References Book(BookId)
)
```

数据表建立后，使用 INSERT INTO…VALUES 语句向表中插入具有实际意义的数据，如图 15-5～图 15-10 所示。

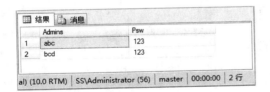

图 15-5　AdminTb 表　　　　　　　　图 15-6　UserCate 表

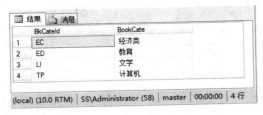

图 15-7　BookCategory 表　　　　　　图 15-8　UserTb 表

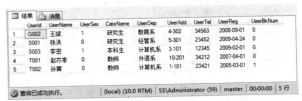

图 15-9　Book 表　　　　　　　　　　图 15-10　Lending 表

15.4 应用数据库对象

创建数据库对象可以是以数据库对象模板的方式或者以 T-SQL 语句的方式。本节以 T-SQL 语句的方式创建数据库对象。

15.4.1 视图

视图是从一个或多个基本表中导出的表，其结构是建立在对表的查询基础上的，但从本质上来说，视图不是真实存在的表，而是一张虚拟表，视图所对应的数据并不实际地存储在数据库中，而是存储在视图所引用的基本表中。行和列数据来自由定义视图的查询所引用的表，并且在引用视图时动态生成。

例如，创建完整的计算机系部门的读者借阅信息视图"计算机系读者借阅情况"，并禁止用户查看视图的定义语句。

创建视图可以使用如下语句：

```
CREATE VIEW 计算机系读者借阅情况
    WITH ENCRYPTION
    AS
    SELECT U.UserId,U.UserName,UserSex,CateName,UserDep,UserAdd,
        UserTel,UserReg,UserBkNum,BookId,LendDate,RtnDate
    FROM UserTb U join Lending L on U.UserId=L.UserId
    WHERE UserDep like'%计算机系%'
GO
```

执行以上语句后，使用 SELECT 语句查询视图：

```
SELECT * FROM 计算机系读者借阅情况
```

在查询页中输入以上代码，单击 !执行(X) 按钮，可以看到结果如图 15-11 所示。

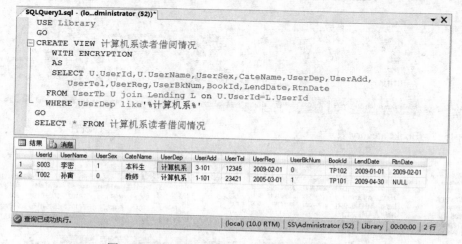

图 15-11 查询视图"计算机系读者借阅情况"

15.4.2 存储过程

存储过程是在数据库服务器执行的一组 T-SQL 语句的集合，经编译后存放在数据库服务器端。存储过程作为一个单元进行处理并以一个名称来标识。它能够向用户返回数据，向数据库中写入或修改数据，还可以执行系统函数和管理操作，用户在编程中只需要给出存储过程的名称和必需的参数，就可以方便地调用它们。

本小节举例介绍存储过程的创建过程。

1）创建一个简单的存储过程 ProSeBook，查询所有图书的信息。

选择数据库"Library"，单击工具栏中"新建查询"按钮，新建查询编辑器，输入对应的程序，最后单击 ![执行(X)] 按钮，如图 15-12 所示。对应的程序如下：

```
CREATE    PROCEDURE   ProSeBook
AS
SELECT   *   FROM   Book
```

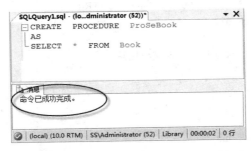

图 15-12　使用 CREATE　PROCEDURE 语句创建存储过程

2）创建一个带有输入参数的存储过程 ProIdBook，查询指定读者编号的读者的借书记录。其中输入参数用于接收读者编号值，设有默认值"G001"。对应的程序如下：

```
CREATE   PROCEDURE ProIdBook
            @UserId char(6)='G001'
AS
SELECT * FROM Lending
WHERE UserId = @UserId
```

如果没有参数输入时，默认查询学号为"G001"的读者借书记录。

3）创建一个带有输入参数和输出参数的存储过程 ProcBookCate，返回指定读者所借图书的图书类别。其中输入参数用于接收读者的编号，输出参数用于返回该读者所借图书的图书类别。对应的程序如下：

```
CREATE   PROCEDURE   ProcBookCate
            @读者编号   char(6),
            @类别   nvarchar(20)   OUTPUT
AS
SELECT   @类别 = BookCate   FROM   BookCategory, Lending, Book
WHERE   UserId = @读者编号   AND   BookCategory.BkCateId = Book.BkCateId AND
            Lending .BookId = Book .BookId
```

15.4.3 触发器

触发器是一种特殊类型的存储过程，它与前面章节讲解的存储过程不同。存储过程可以通过存储过程名来调用，而触发器是一段能自动执行的程序，不由用户直接调用，不能带有参数，也没有返回值。当用户对表进行了诸如 INSERT、UPDATE、DELETE 等操作时，SQL Server 就会自动执行触发器所事先定义好的语句。

本小节举例介绍几个触发器的创建过程。

1）创建一个后触发的触发器，显示修改记录的条数。

代码清单如下：

```
USE Library
GO
--检测是否存在相同名字的触发器，如果存在就把它删除，避免调试时的麻烦
IF EXISTS(SELECT name FROM sysobjects
              WHERE name='book_tri' and type='TR')
DROP TRIGGER book_tri
GO
CREATE TRIGGER book_tri      --创建触发器
ON Book
AFTER UPDATE
AS
DECLARE @c int
SELECT @c=@@rowcount
PRINT '一共修改了'+char(48+@c)+'行'
RETURN
GO
```

在查询页中输入以上代码，单击 ！执行(X) 按钮，运行结果如图 15-13 所示。

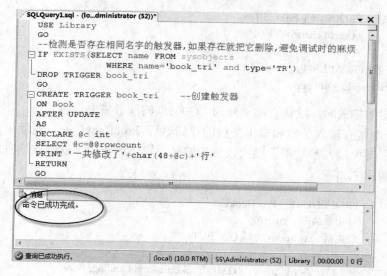

图 15-13　创建触发器

2）定义一个 DELETE 触发器，实现当删除某个读者信息后，就删除该读者的借阅记录。
代码清单如下：

```
USE Library
GO
IF EXISTS(SELECT name FROM sysobjects
            WHERE name='user_tri' and type='TR')
DROP TRIGGER user_tri
GO
CREATE TRIGGER user_tri                     --创建触发器
ON UserTb
AFTER DELETE
AS
BEGIN
DECLARE @t char(6)
SELECT @t=UserId FROM   DELETED            --使用 DELETED 表中数据
DELETE FROM Lending WHERE UserId=@t
END
GO
DELETE FROM UserTb                          --从 UserTb 表中删除记录
WHERE UserName='王凯'
GO
```

在查询页中输入以上代码，单击 ▶执行(X) 按钮，运行结果如图 15-14 所示。

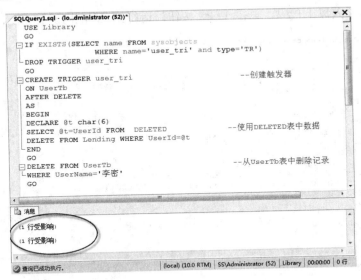

图 15-14   DELETE 触发器运行结果

3）定义一个 INSERT 触发器，实现当向 Book 表中添加记录时，把新的图书类别插入到图书类别表 BookCategory 中。
代码清单如下：

```
USE Library
GO
IF EXISTS(SELECT name    FROM sysobjects
                WHERE name='bookcate_tri' and type='TR')
DROP TRIGGER bookcate_tri
GO
CREATE TRIGGER bookcate_tri                        --创建触发器
ON Book
AFTER INSERT
AS
BEGIN
    DECLARE @t varchar(6)
    SELECT @t=BkCateId   FROM   INSERTED       --使用 INSERTED 表
    INSERT INTO BookCategory(BkCateId) VALUES(@t)
END
GO
INSERT INTO Book                                   --Book 表中插入记录
VALUES('AB001','管理专业英语','WK','赵伟',
'教育出版社','2006-2-2',default,30,1)
GO
```

　　触发器程序运行之前,有时会根据题目需要暂时把表中某些约束解除。比如本例中,
BookCategory 表中 BookCate 列的非空约束要暂时解除,Book 表中的外键约束要暂时解除,
否则程序运行提示错误。
　　在查询页中输入以上代码,单击 ！执行(X) 按钮,运行结果如图 15-15 所示。

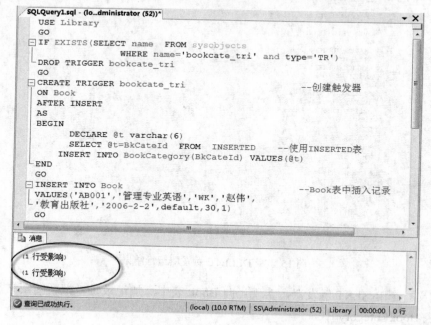

图 15-15　INSERT 触发器运行结果

4）定义一个 UPDATE 触发器，更新读者类别表 UserCate 中读者类别名称 CateName 时，把读者表 UserTb 中相应的读者类别也进行修改。

代码清单如下：

```
USE Library
GO
IF EXISTS(SELECT name FROM sysobjects
                WHERE name='usercate_tri' and type='TR')
DROP TRIGGER usercate_tri
GO
CREATE TRIGGER usercate_tri                    --创建触发器
ON UserCate
AFTER UPDATE
AS
BEGIN
    DECLARE @old varchar(10)
    DECLARE @new varchar(10)
    SELECT @old=CateName FROM   DELETED    --使用 DELETED 表和 INSERTED 表
    SELECT @new=CateName FROM   INSERTED
    UPDATE UserTb
    SET CateName=@new WHERE CateName=@old
END
GO
UPDATE UserCate                                --修改 UserCate 表中记录
SET CateName='高校教师' WHERE CateName='教师'
GO
```

在查询页中输入以上代码，单击 执行(X) 按钮，运行结果如图 15-16 所示。

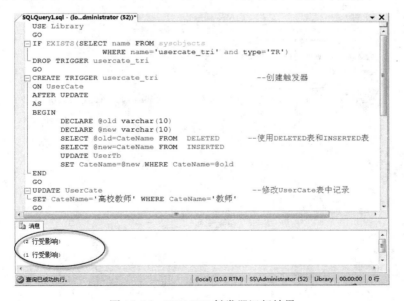

图 15-16　UPDATE 触发器运行结果

5）定义一个替代触发器，不允许对"AdminTb"表进行修改、删除。
代码清单如下：

```
USE Library
GO
IF EXISTS(SELECT name FROM sysobjects
                WHERE name='admin_tri' and type='TR')
DROP TRIGGER admin_tri
GO
CREATE TRIGGER admin_tri                    --创建触发器
ON AdminTb
INSTEAD OF UPDATE,DELETE
AS
PRINT'请原谅，管理员表中数据不允许修改和删除！'
GO
DELETE AdminTb                              --删除 AdminTb 表中记录
WHERE Admins='abc'
GO
```

在查询页中输入以上代码，单击 ! 执行(X) 按钮，运行结果如图 15-17 所示。

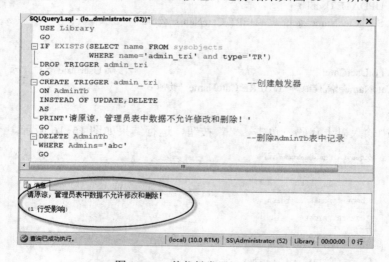

图 15-17 替代触发器运行结果